建筑学经典译丛

BETWEEN SILENCE AND LIGHT
Spirit in the Architecture of Louis I. Kahn

静谧与光明
路易斯·康的建筑精神

[美国] 约翰·罗贝尔　著

卢紫荫　译

江苏凤凰科学技术出版社·南京

BETWEEN SILENCE AND LIGHT: Spirit in the Architecture of Louis I. Kahn
by John Lobell
© 1979 by John Lobell
Preface to the 2008 edition © 2008 by John Lobell
Published by arrangement with Shambhala Publications, Inc.
4720 Walnut Street #106 Boulder, CO 80301, USA, www.shambhala.com
through Bardon-Chinese Media Agency
Simplified Chinese translation copyright © (year)
by Tianjin Ifengspace Media Co., Ltd.
ALL RIGHTS RESERVED

图书在版编目 (CIP) 数据

　静谧与光明 : 路易斯·康的建筑精神 / (美) 约翰
·罗贝尔著 ; 卢紫荫译 . -- 南京 : 江苏凤凰科学技术
出版社 , 2022.6 (2023.7 重印)
　ISBN 978-7-5713-1981-6

　Ⅰ. ①静… Ⅱ. ①约… ②卢… Ⅲ. ①建筑艺术—美
国 Ⅳ. ① TU-867.12

　中国版本图书馆 CIP 数据核字 (2021) 第 106127 号

静谧与光明 : 路易斯·康的建筑精神

著　　　者	[美] 约翰·罗贝尔	
译　　　者	卢紫荫	
项 目 策 划	凤凰空间 / 孙　闻　孙嘉尉	
责 任 编 辑	赵　研　刘屹立	
特 约 编 辑	孙　闻	

出 版 发 行	江苏凤凰科学技术出版社
出版社地址	南京市湖南路 1 号 A 楼, 邮编: 210009
出版社网址	http://www.pspress.cn
总 经 销	天津凤凰空间文化传媒有限公司
总经销网址	http://www.ifengspace.cn
印　　　刷	河北京平诚乾印刷有限公司

开　　　本	710 mm×1 000 mm　1 / 16
印　　　张	10
字　　　数	100 000
版　　　次	2022 年 6 月第 1 版
印　　　次	2023 年 7 月第 3 次印刷

标 准 书 号	ISBN 978-7-5713-1981-6
定　　　价	59.80 元

图书如有印装质量问题, 可随时向销售部调换 (电话: 022-87893668)。

献给咪咪（Mimi），
是你引领我深入路易斯·康的建筑精神

目 录

Ⅰ 静谧与光明: 路易斯·康的话

2008 年版序

我很欣慰，自二十九年前本书初版问世以来，路易斯·康本人及其建筑作品日渐引起大众的关注，这体现在展览、会议及大量图书的出版，特别是罗伯特·麦卡特（Robert McCarter）的精彩著作《路易斯·I·康》（Louis I.Kahn）一书的问世。如今，通过他儿子纳撒尼尔·康（Nathaniel Kahn）的纪录电影《我的建筑师: 寻父之旅》（*My Architect:A Son's Journey*），我们看到了人们对康的兴趣，康的知名度已经从建筑学界扩及普通大众。康对他所建造的建筑物的理解深度，以及对建筑的严苛，一直启迪着全世界的建筑师。而今，康被认为是与弗兰克·劳埃德·赖特齐名的、美国最重要的两位建筑师之一。

另外，有很多建筑师和学生向我表达了这本书对他们的重要意义，正是这本书引领他们中的一些人迈入建筑领域。我也很感激这些年来 Shambhala 出版公司不断重印此书。尽管大量关于康的新书问世，许多书中还附有漂亮的彩色照片，本书依然是建筑精神的试金石。

然而，我必须承认有一点失望，这些年来一直未能见到对于建筑精神更广泛的讨论。所谓建筑精神，我是指一个概念，它超越我们物质生活的领域，通过这些建筑我们可以进入这些领域。康用他的语言和建筑来表达这个概念。这个概念也存在于弗兰克·劳埃德·赖特和密斯·凡·德·罗以及许多建筑师和艺术家的文字和作品之中。这种精神的接近不仅是简单的神秘感，也不仅仅是一种模糊的感觉，而是非常清晰缜密的。康精确地描述了他经历的整个过程，从对人类卓越的领悟，到经过不同的步骤完成建筑设计。这不是我个人的诠释，康的文章中就是这样写的，他也是这样进行设计的。

因此我失望的是，在思想文化领域，尤其是学术界对精神性的厌恶，使得康的这一面几乎被完全忽视了。然而，许多人对本书的支持表明，这种否定并不是普遍现象。对此，我感激不尽。

重读这本书，我很惊讶自己相当满意这本二十九年前的作品。当然在过去的二十九年里，有许多关于康的著作问世，我将其中的一些加入了本书末的"参考书目"部分。我们现在对康的一生和他的设计来源有了更多的了解，对此我特别推荐《我的建筑师：寻父之旅》和麦卡特的著作。

多年来我一直在教授一门关于康的课程，也常常去现场拜访他的作品，现在我对康如何用建筑作品体现其哲学理念有了更加深刻的认识，尽管身处建筑中会有更强的冲击力，因为建筑本身有超越哲学理念的力量，形成更具体、直接的体验。将康的建筑看作他的哲学的表现形式，并进行深入研究，是我正在进行的另一本书的主题。

约翰·罗贝尔

2007 年 10 月于纽约

1979 年版序

1959 年至 1966 年，在宾夕法尼亚大学读书期间，我接触到了路易斯·康和其他教师的理念，他们将建筑视为人类在世界中的地位的表现。这些探讨涉及社会、经济、美学和精神等各个层面。大学毕业以后，我发现很少有人对建筑的关注能如此完整而深刻。如今，建筑要么被看作是支离破碎的、形式上的美学处理，要么就是人类行为的必然结果。这两种观点都缺乏对人类人性的感知，也缺少对建筑在人性中的地位的认识。

我在某些精神领域发现了对人类更完整的认知，但并没有认识到我们生活的更广阔的社会、经济和文化背景。我受到的建筑教育和路易斯·康的执业实践都是将建筑置于更大的人类语境中，同时将对精神的感知以具象的方式植入人类文化之中，这些做法如今都很罕见了。在本书中，我尝试将康的作品中蕴含的这种建筑观点呈现出一小部分。

似乎从人类有自我意识后，就对自己在世界中的地位感到不安，而文化的产生正是人类为稳固其地位所做的努力的结果。这些努力我们可以通过这些问题来表达：人类的意识（consciousness）是什么？它与其他存在（existence）一样吗？如果不一样，二者的关系又是如何呢？在本书中我们将会看到，康用语言和建筑尝试给出这些问题的答案。

本书第一部分"静谧与光明：路易斯·康的话"呈现的是康自己说的话，并穿插他的建筑作品照片和手绘草图，以及我觉得与他的话语相关并能有所补充的历史建筑的照片，借以烘托及补充他的话。康写下的文字很少，但多年来他做过多场演讲。本书中的大部分资料，来自康 1973 年在纽约布鲁克林普瑞特艺术学院建筑学院所做的演讲，几个月后他就去世了。讲稿中有一些错误的开头、偏题或是语法错误，当然这些在演讲中是很正常的，但若诉诸文字就很别扭了。因此我整理资料时对这些问题进行了修正，并且以我认为自然的顺序进行了全面梳理，也参考了康的其他演讲。因此我必须为这些内容负起作为编者的责任，只希望康能赞同我的做法。

如今许多作者都尽量避免使用可能被认为有性别歧视的词语，如"mankind"或其他指代男性的代词，如"he""him""his"等来同时代指男人和女人。康的语言中没有这些顾忌，他不仅会用"man""the architect...he"，还会说"the architect is the man who"，以及"the city is the place where a small boy......"我在编辑时尽量避免更改他的措词。我想康这样使用有部分原因是想要更形象地表达：使用"boy"比用"child"更形象，"man"也比"person"一词更具体。在工作中，与康合作的建筑师有男性也有女性，他的学生有男生也有女生，他讲话的对象也包括男士和女士。

第二部分"建筑即精神"的内容，涵盖了我对康在建筑史中的地位、康的洞见以及建筑中的人类地位的思考。尽管我尝试对康的一些观点进行解释，但这部分不应被视为是对他的话语的最终诠释。我认为他的话必须直接去体验，这样其中的含义对每个人来说都是新鲜而独特的。还要补充一句，康贡献巨大，本书无法面面俱到。

第三部分"路易斯·康的建筑"展示了康设计的八个建筑作品，包括平面图、照片和简介。我选择了一些能够表现康所谈及理念的案例，但这些案例不能涵盖其全部理念，或完全具有代表性。若想对康的作品有更全面的了解，请参阅书后的参考书目。

康的哲学之独特，不仅体现在其话语中，还存在于他的建筑作品里，这种哲学可以直接体悟。在美国的新英格兰地区、中大西洋地区、西南部、远西区都有康的杰作。我希望本书的读者有机会能至少拜访其中的一座。我个人最喜欢的一座是坐落在拉霍亚的萨尔克生物研究所，位于加利福尼亚州圣地亚哥附近。

第四部分"附录"中，包括康和我的个人简介、图片来源及参考书目等。

约翰·罗贝尔

引言

　　建筑，立于我们和世界之间。如果我们将自己和世界定义为可量度的（measurable），那么我们的建筑就是可量度的，没有精神（spirit）；但如果我们使自己接受可量度和不可量度（unmeasurable）的结合，我们的建筑将会成为对这一结合的歌颂，也会成为精神的栖所。

　　路易斯·康将建筑视为可量度与不可量度的结合。他用"静谧"（silence）代表不可量度的，表示尚未存在；用"光明"（light）代表可量度的，表示存在。康认为建筑存在于静谧与光明之间的界阈之处，他称之为"阴影的宝库"（treasure of the shadow）。他认为伟大的建筑始于不可量度的领悟，然后用可量度的手段将其建造起来，建成之后，它又能带领我们回到最初对不可量度的领悟之中。

　　创新的精神、人类的精神，不断再生于探求新的领悟和肩负充实世界重任的人们身上。在我们的时代，康就是这样的人，我们都因他的努力而更富足。在付出这些努力时，康是与众不同的。在这个宣称为形式创造终结的时代，他是一个形式创造者；在这个方法论盛行的时代，他是一个艺术家；在企业尔虞我诈的时代，他是一个受难者。在为了使世界更丰富所做的努力方面，康可以和另一位伟大的美国建筑师弗兰克·劳埃德·赖特比肩。赖特和康都是从建筑的本源重构建筑，但他们使这一重构成为可能的创作发展经历却大不相同。赖特从年轻时就充满自信，得心应手，三十到四十岁左右就奠定了事业基础。而康在经历多年对创造的努力后，在五六十岁才达到相同的成就。建筑史学家文森特·斯库利（Vincent Scully）称，活跃于 19 世纪末到 20 世纪中期的赖特，是在他的时代用形式和材料而非辞藻来作诗的诗人，他诠释了那个时代，也创造了那个时代。赖特说："每个伟大的建筑师必须是一位伟大的诗人。他必须成为他所在时代的伟大原始诠释者。"赖特在一个充满自信的时代建造他的建筑，那是一个在自然发展力量推动下迈向和谐的民主时代。这种趋势成了他的建筑中的基本元素。他写道："空间，连续不断的形成：无形的源泉，一切旋律源于它，也必经于它。超越时间，超越无限。"

赖特晚年最后的作品之一——纽约古根海姆博物馆建造的时候，康的第一座重要作品——位于费城的理查德医学研究中心也在建造中。但两位建筑师差异极大，绝不仅是年龄相差三十二岁而已（赖特，1869—1959；康，1901—1974）。赖特从杰弗逊的民主理想和伟大的美国诗人那里汲取力量，如爱默生（Emerson）、梭罗（Thoreau）、梅尔维尔（Melville）、惠特曼（Whitman）等，还有印第安精神——赖特把他的房子建在印第安人已离去的大草原上，建筑与大地和天空浑然一体。而对康来说，这些源泉都是最紧要的。他的时代是一个充满不确定和精神迷失的时代，一个毫无个性、官僚陈腐的时代。对他来说，用建筑来诠释这样一个时代毫无意义。因此他转而追寻超越任意时间的永恒，他找到了"道"（order），从这里把精神带回我们的世界。

　　康身材矮小，顶着一头蓬乱浓密的白发，戴着厚厚的深度近视眼镜，脸的下半部有一个童年出意外留下的伤疤。他其貌不扬，却散发出一种强烈的美感。文森特·斯库利形容他"散发着无人能及的光芒，这源自他丰富的想象力和智慧的活力，透过每个毛孔发散出来"。康的声音低柔而嘶哑，他说话时每个人都凝神静听。他的话语常常充满诗意，也总会提出一些问题，常是对建筑更深层次的思索。他是诗哲，也是建筑师。在他的诗和建筑中，康不断追寻起源，他称之为"第 0 卷"。他的诗和建筑共同构成了个人思想对绝对存在所做的最深刻、最持久的探索。

　　康的话语对很多人来说都是艰深的，人们很难了解他。通过建筑，康体验到一个与线性思考所理解的完全不同的世界，在其中，道凌驾于现象之上，物质是耗尽的光，人类是不可量度的居所，直觉是制造过程的积累，而一座建筑在具有物理外观之前就已具备存在的意志。科学、心理学的语言和平常的经验都无法描述这个世界，康不得不发明了自己的语言。开始时很艰难，但最终这些语言变得通顺了，就像康在用大石块砌墙，起初艰难地挑选每块石头，精心打磨成宝石一般，再逐渐修正直到它们彼此契合。如果他找不到合适的石块，就自己打造一块，像他使用的那些原本不存在的字眼"intouchness"或"darkless"。二十年来，康不断重复谈论着道，不断精炼，以使它更准确。尽管对这种自我重复感到尴尬，但他还是想要去找到更完美的表达方式，直到完整呈现，就像阳光下闪闪发光的金字塔一般：完美的形式，前所未有的全新形象，却因其出现的必然性而永恒。

　　康的语言是全新的，因为从未有人以这种方式来表达；却也是永恒的，因为它所讨论的是伟大的诗人们一直以各自的方式谈论的主题。这些话语讲述了我们生活的世界，也为我们介绍了康的建筑，告诉我们建筑曾经是、也会再度成为精神的建筑。

自然中的一切物质，

山川、溪流、空气以及我们自己，

都是被消耗的光塑造的。

这皱成一团被称为物质的东西投下一片阴影，

这片阴影属于光。

I

静谧与光明: 路易斯·康的话

喜悦

在所有情绪中，我首先感受到**喜悦**。我感受到形成**喜悦**的元素，我意识到，**喜悦**本身就是那股驱动力，在我们感受到它之前就已经存在，又存在于我们创造的每个事物之中。当世界是一片泥沼，无形无方时，**喜悦**的力量就已无处不在，并寻求着表达方式。不知何故，**喜悦**成为了最不可量度的字眼。它是创造的本质，创造的动力。我意识到，如果我是个画家，要描绘一场巨大灾难的话，若没有创作的**喜悦**，就无法在画布上画下第一笔。若不是乐此不疲，就无法创造出一座建筑。

当我向你提及**喜悦**，我想感受到那股我没有忘记的、你也没有忘记的、必须被感受到的**喜悦**之流。若你忘了，你就什么感觉都没有了。当然，如果我说的这些能多少触动那份感觉，我会感到万分荣幸与欣喜。

萨尔克生物研究所，中庭喷水池细部，加利福尼亚州，美国

触觉，视觉

因此我认为，第一种感觉一定是**触觉**。我们繁衍的所有感觉，都与触觉有关。视觉来自对触觉之美的渴望。看，只是为了触摸得更准确。你仍能感受到我们内在的这些美好的力量，即使它们来自最原始、无形的存在。

由触觉产生了想去**触知**的努力，不仅仅是触摸，从这里又衍生出视觉。当视觉产生，看见的第一刻是对美的领悟。我指的不是美丽，也不是特别美丽、极其美丽，而是美本身，美比任何你能想到的形容词都更有力量。那是一种完全和谐的感觉，你不必了解、没有条件、无需判断、也不用选择就能感受得到。这种完全和谐之感就像你与造物者的交会，而这造物者就是自然，因为自然创造了一切。没有自然的帮助，你无从设计。

于是视觉产生了，并立刻感知到完全的和谐。"艺术"（Art）是第一个词，你可以说它是第一批词汇，但我认为它是第一个词，第一句表达。它可以只是一个"Ah"就够了。多么有力的一个字。短短几个字母表达了如此丰富的含义。

惊奇

　　由美，产生了**惊奇**。惊奇与知识无关，它是对直觉的第一回应，直觉是一段奇妙的旅程，或是对这段穿越了亿万年数不尽的人类造物的旅程的记录。我不相信一件事始于某一时刻，而另一件事始于另一时刻。世间万物一切都以同样的方式，始于同一时刻，也可以说与时间无关：它就已经在那里了。

　　惊奇就像宇航员从遥远太空看到地球时的感觉。我追随着他们，感同身受：想象在宇宙中，看到这个粉色，或者说玫瑰色、蓝色、白色的大球。地球上面的万物，即使是人类的伟大成就，如巴黎或伦敦，也消失无踪，或变得无关紧要。但托卡塔或赋格曲不会消失，因为它们是最不可量度的，也就最接近永生。越不可量度，越拥有永恒的价值。因此你无法否认托卡塔和赋格曲，无法否认伟大的艺术，因为它们诞生于不可量度之中。

　　我认为你能感受到的只是惊奇，不是知识（knowledge），也不是知道（knowing）。你感到知识并没有惊奇的感觉那么重要，这种伟大的感觉不必预知，没有条件，不讲理由。惊奇是与直觉最亲密的接触。

耶鲁大学英国艺术中心主入口大厅, 康涅狄格州, 美国

领悟，直觉

由**惊奇**必然得到**领悟**，因为在创作过程中你经历了一切自然律，它们成为了你的一部分。直觉记录了你在创作过程中做出重要决定的重大步骤。直觉是你最准确、最可靠的感觉。它是一个人最个性的感受，直觉，而非知识，也应该被看作是你最伟大的天赋。知识的价值在于可从中有所知，而知能让你触及直觉。知识可以传授，但知不行，因为它是非常个人、不纯粹的。它与你有关。知的存在非常真实，但它属于个人。

大自然创造的一切，都记录着它是如何创造的。岩石中记录了岩石的创造过程，人类也记录了自己如何被创造。当我们意识到这一点，我们才感觉到宇宙的法则。有些人只要了解一片草叶就能重建宇宙的法则，其他人则必须通过许多学习，才能发现**道**（Order）之所在，而**道**即世间万物。

我们应该学会尊重人的思想，思想是精神的居所。精神不会停留在大脑中，大脑只是一个器官罢了。因此思想不同于大脑。思想是直觉所在，而大脑是你从自然中攫取营养的工具；这就是为什么每个人都是一个独立的个体。如果它是个好的工具，就会将你内心的精神表达出来。

迈锡尼文明地下"秘密蓄水池"台阶

不可量度与可量度

科学家在哪儿？诗人在哪儿？诗人从**不可量度**的起点出发，向着**可量度**前进，但却在内心始终保有不可量度的力量。当他向着可量度的目标前进时，他几乎不屑于写下任何字。尽管他希望不必付诸辞藻就能传递诗篇，但最后终究还是屈服于文字。然而，在运用任何表达方式之前，他已经历了漫长的旅程。他最终写下文字，虽简短，却已足够。

科学家和任何人一样，都具有不可量度的特质，但他控制自己，不去经历不可量度的过程，因为他所感兴趣的是知。他对自然律感兴趣，因此他允许自然靠近他，并将其一把抓住，因为他无法忍受遮遮掩掩。他吸纳完整的知识，在其中进行研究，因此你认为他是客观的。

但爱因斯坦却像一位诗人。他长久抱有不可量度的智识，因为他是小提琴手。他也曾走近自然或**光**的门，因为他只需要一点点知识，就能从中重构宇宙。他所追求的是**道**，而非知。对于像爱因斯坦这样真正有远见的人来说，碎片化的知是远远不够的。他只接纳属于整体的知识，从而能够轻易写下美丽的相对论公式。因此，他能引领你去感受道的全貌，而道是知识的真正所在。

人的一切没有什么是真正可量度的。他是完全不可量度的。他是不可量度的载体，运用可量度的事物，让表达成为可能。

金贝尔美术馆拱顶，光反射构造细部，得克萨斯州，美国

知识

知识不属于人类。知识属于与自然相关的一切。它属于宇宙，却不属于永恒，这两者之间有很大的区别。

有多少知识是可以学习到的？你学了多少并不重要，重要的是你在行为处事时，是否尊重了学习的意义。你必须要知道，要去感受直觉，但不要认为你所知的可以传授给他人。你将其注入作品之中，就是最好的品德。

每个人的天赋不同。虽然每个人都很了不起，但并不相等。没有人不具天赋，天赋无处不在，但问题在于如何让你的特质发挥出来，因为你无法习得不属于你的东西。我相信你们之中许多人都学过物理，还通过了每一次考试，但却对物理一无所知。我就是如此。我抄同桌男孩的笔记，因为他可以边听边写。但我如果听讲，就无法写字；如果我写字，就无法听讲。老师或许会对我说："路易斯·康，物理对你来说非常重要，因为你想成为一名建筑师。但我宁愿你不要记笔记，只是听课就好了。你当然会被要求参加考试，但考试时我会让你把物理画出来。"这样的话我就能给他个惊喜，这正是我的强项、我的方式，因此不应该被干扰。如果你脑中充满了不属于你的东西，你就会忘掉它们；它们永远不会成为你的一部分，而你还会丧失对自我价值的意识。

我敬畏学习，因为它是一种基本的灵感。它与责任无关，而是与生俱来的。学习的意愿和渴望是最伟大的灵感之一。我对教育不怎么感兴趣，打动我的是学习。教育永远是一种试验，因为没有任何一种体制能抓住学习的真正意义。

印度管理学院宿舍细部，艾哈迈德巴德，印度

道

　　我曾试着探索道是什么。我为之兴奋，写下了许许多多有关道是什么的文字。每次我写下几句，但总觉得还是不够。假如我写满了两千页，只是在论述道是什么，我对这篇文字仍不会感到满意。于是我停下来，不再谈论它到底是什么，而只是说："道存在。"然而我还是不能确定就这样完成了，直到我问了一个人，他说："你一定就此打住。这太棒了，就到这里，说：'道存在。'"

塞杰斯塔神庙，西西里岛，意大利

静谧与光明

　　灵感是在**静谧**与**光明**的交会处对最初的感知。静谧，是不可量度的，是存在的欲望、表达的欲望，是新需求的源泉；光明，是可量度的，是存在的给予者，它用意愿和法则量度被造之物。静谧与光明交会的边界处，即是灵感，是艺术的圣殿，是阴影的宝库。

　　艺术家将表达的圣殿中他的艺术变成作品，这圣殿我称之为**阴影的宝库**，位于那双重地带：由光明到静谧，由静谧到光明。光，存在的给予者，投下阴影，阴影属于光。一切被造物都属于**光和欲望**。

　　我将光的出现比作一对兄弟，我知道并没有两兄弟，甚至连一个都没有。但我看到，其中一个是**对存在、表达的欲望的体现**，一个（我不说是"另一个"）是**存在、为存在而在**。后者是无光的，而前者，是无所不在的光。这无所不在的光源可被视为火焰的狂舞，燃尽自己，化身为物质。我相信，物质是耗尽的光。

　　静谧与光明。静谧不是非常非常安静。你可以说它是无光、无暗。这都是杜撰的词。无暗——并没有这么个词。但为什么不能有呢？无光；无暗。存在之欲，表达之欲。有人会说这是双重灵魂——如果追溯既往，当光明与静谧合而为一，或许它们仍为一体，只是为了讨论方便才将它们分开的。

万神庙穹顶，罗马，意大利

光

　　我给自己布置了一个任务：画一张图来展示光。如果你也给自己布置了这样的任务，那你要做的第一件事就是逃走，因为这根本做不到。你会说白纸本身就在展示光，还能做什么呢？但当我用墨水在纸上画下一笔，我意识到，那黑色就是没有光的地方，于是我真的能画了，因为我能识别出，我画下黑色的就是没有光的地方。于是这张图变得熠熠发光。

　　我说过，自然中的一切物质，山川、溪流、空气以及我们自己，都是被消耗的**光**塑造的，这皱成一团被称为物质的东西投下一片阴影，这阴影属于光。

　　因此光是万物之源。我对自己说，当世界是一片混沌，无形无方，这混沌中便充满了表达之欲，这是**喜悦**的美妙凝结，而欲望是它的外壳，让它被世人看见。

物质发出来的光

为表现而存在时无所不在的灼烁之光（草图均为路易斯·康绘制）

独一性

　　每一道光都不同于前一道光。你在自然的批准下出生，这一时刻与任何其他时刻都不同。自然赋予了万物可量度和不可量度的特质。在可量度的范畴中，每一刻都是不同的，但你的精神始终如一。

　　自然在无意中赋予你一切，而源自自然的你，从中得到了**精神**的意识。于是你的独一性在于你如何被塑造成精神的守护者。感知这一切的器官是大脑，它能让你从自然中汲取营养。

　　独一性存在于**静谧**的运动之中，静谧是不可量度和存在之欲、表达之欲的居所，也承载着朝向表达方式前进的运动，而表达方式是源自**光**的物质。光照射在你身上，因为它从未被分割；它只是对显现的渴望和已经显现的一切的集合。这运动交会在一点，这一点可被称为是你的独一性。

　　有多少人就有多少次交会。从某一点来说，树上有多少片叶子，就有多少次交会。因为我相信，一棵树或是一只微生物中一定也与其他生物一样的存在意识。

萨尔克生物研究所，中庭水道，加利福尼亚州，美国

创造

　　自然律与我们的规则不同。我们依规则行事，但我们利用自然律来创造。规则可以改变，但自然律不能改，如果变了，就毫无道可言了，就会呈现一片混乱。自然律告诉我们，沙滩上卵石的色彩、重量和位置，都是无可否认的。卵石受到自然律的相互作用，被无意识地摆在那里。规则却是有意识的行为，需要环境去证明它有效或是它需要改变。

　　你的任何规则都是经过考验的。一条规则最伟大的时刻就是改变的时刻：它达到了更高层次的领悟，成为一条新的规则。发现一项新规则，就是发现一种新的表达方式。

　　这就是为何涉及美学、艺术的法则，是很危险的。我认为不应引入任何美学。美学是从作品的独一性中诞生的，对法则运用敏感的人在作品中创造了美学法则。美学出现在在创造之后，而非之前。你不妨把美学留给其他人，比如建筑评论家。

　　我刚才的陈述有些绝对，应该忘掉，因为会有人认真地以另一种方式看待它。不过，就随他们去吧。我这样想是因为我可以用这种方式工作，其他人也可以用自己的方式工作。人类的美就蕴含其中，正是其造物旅程的伟大结局之所在，以各种方式呈现出美丽。

胡夫金字塔，埃及

形与设计

　　惊奇的感觉带来**领悟**。领悟源自直觉。有些事物就是如此，虽然你看不见，却明确存在着。你努力是因为那份存在使你想起你想表达的东西。在表达的驱使下，你将实存与表象区分开来。当你赋予某物形象，你必须参询自然，这就是设计的开始。

　　形包含了系统的和谐、道的感知和实存与实存之间的差异。形是对自然的领悟，由不可分的元素组成。形既无形状，又无尺寸。既不可听，亦不可见。它没有形象；仅存于心灵。你求诸自然使其呈现。**形先于设计**。形是"本"，设计是"手段"。形是非个人的；而设计属于设计者。

　　设计赋予元素以形状，将它们从心灵中的存在变成可触摸的形象。设计是与特定条件相关的行为。在建筑中，它赋予空间和谐的特性，使之适合于某种特定的活动。

帕拉波尔提亚尼教堂，米克诺斯岛，希腊

地点

　　这是从共性中做出判断：从所有可建造用地中选出一处，这里其他人也可以建造。这是非常重要的决定，就像从群山中为希腊神庙选址一样重要。在群山中，这座山丘被选出来安置神庙，于是所有其他山丘都向它致意，如同向这个决策鞠上一躬。而今，除了尊重这座赞颂神祇的建筑的选址之外，你已看不到这座山丘。它如此引人注目，因为此地之前从未出现过。

苏尼翁角的波塞冬神庙

空间

　　空间是有调性的，我想象自己正将空间谱写成一个高耸的、拱形的或穹隆下的空间，赋予它音乐的特性，交错着空间的调子，窄而高，从银色、光亮渐入黑暗。

圣马丁教堂内部，法国

结构

　　结构是光的给予者。当我选择的结构秩序是让柱子临着柱子，就会呈现出无光、光、无光、光、无光、光的韵律。选择拱顶或是穹隆，也是对光的特质的选择。

萨尔克生物研究所走廊，加利福尼亚州，美国

平面

　　我认为平面是由房间组成的社群。一个真正的平面，房间之间可以互相交谈。当你看到一张平面，你可以称之为在光里的空间结构体。

孟加拉国首都规划模型

园与室

设计一座纪念堂，我从一室、一园开始，那是我拥有的一切。为什么我选择一室一园作为出发点？因为园是对自然的私人采集，而室是建筑的开始。

园与自然有关，将自然融入由人选择的场所，以特定的方式满足人的使用需求。建筑师成为自然的拥护者，带着对自然最深的崇敬设计一切。他并非要完全模仿自然，也不自认为是设计师——例如他不会模仿鸟儿如何种下一棵树。但他必须以人的方式种树，人是一个有选择、有意识的个体。

室不仅是建筑的起点：它是自我的延伸。如果想到这一点，你就会发现你在小房间里说的话和在大房间里不一样。如果我要在一间大厅演讲，我必须找到对我微笑的人，才能讲得下去。

大房间和小房间，高房间和矮房间，有壁炉的房间和没有壁炉的房间，都成为你心中的大事。你开始思考，不是关于那些任务要求，而是可以使用哪些建筑元素，来创造一个适合学习、生活或工作的环境。

另一令人惊叹的是光，透过窗户照进来的光，属于房间。在房间建好之前，太阳不知道自己多么绝妙。人的创造，室的建造，简直是一场奇迹。试想一下，人可以要求拥有一小片阳光。

金贝尔美术馆, 得克萨斯州, 美国

材料

　　领悟是对**形**的**领悟**，形是本质。你意识到，某物有特定的本质。学校有特定的本质，设计学校时，讨论并认同其本质是十分必要的。在这样的讨论中，你会发现水之道、风之道、光之道、某种材料之道。如果想到砖，你参询其道，便会考虑到砖的本质。你对砖说："砖，你喜欢成为什么？"砖对你说："我喜欢拱。"如果你对砖说："拱太昂贵，我可以在洞口上方使用混凝土过梁。你觉得怎么样？"砖说："我喜欢拱。"

　　尊重你使用的材料非常重要。你不能随便说："好吧，我们有许多材料，我们可以这样做，也可以那样做。"这是不对的。你必须尊重并赞美砖，而不是欺骗它，派给它拙劣的任务，使它丧失个性。例如用它作为填充材料，你我都曾这样做过。就像对待一个忠实的仆从一样使用砖，它是一种美丽的材料，在许多地方完成过美丽的作品，至今依然。在全世界四分之三的地区，砖都是一种鲜活的材料，也是唯一合理可用的材料。混凝土则是一种高度复杂的材料，并没有想象中那么容易获得。

　　你可以与混凝土、纸或混凝纸浆、塑料、大理石或其他任何材料进行相同的对话。如果你尊重材料的本质，你的创作便会呈现出美。不要用低劣的手法使用材料，不然材料只能等待下一个人来尊重它的特质了。

阿尤布国家医院外墙细部，达卡，孟加拉国

墙与柱

　　墙对人类贡献良多。它用厚度和强度,保护人类免受伤害。然而不久,想要往外望的愿望驱使人在墙上挖了个洞。墙觉得痛,它说:"你对我做了什么? 我保护了你; 我给你安全感——现在你却在我身上打洞! "人说:"可我看到了美景, 我想看看外面。"于是墙伤心难过。

　　没过多久, 人类不仅在墙上凿出一个洞口, 还做一个有辨识度的开口,用精美的石头镶边, 并在上方装上过梁。墙很快觉得好多了。

　　再仔细想想建筑学上的一件大事——墙分开, 变成了柱。

布里斯班（靠近泰贝萨）的油厂，阿尔及利亚

机构

机构源于生活的灵感。这种灵感至今仍在我们的机构中温和地表达着。最重要的三种灵感是学习的灵感、满足的灵感和追求幸福的灵感。实际上，它们都为**存在和表达的欲望**服务。你可以说，这就是活着的理由。人类所有的机构，无论是服务于人对医药、化学、机械还是建筑的兴趣，最终都满足于人类的这种渴望，想要发现是什么力量使他存在，以及是什么方法使他的存在成为可能。

今天我们说阴影是黑的。但实际上，这个世界并没有白光和黑影。我小时候说光是黄色的，影子是蓝色的。白光说明太阳也在经受考验，当然，我们所有的机构都在接受考验。

我之所以如此相信，是因为机构已丧失最初的灵感。环境瞬息万变，时刻变幻莫测，扭曲了对本质认同的最初灵感。当人们不再感受到它的灵感，机构将死就变成了理所当然。然而，人的这种认同一旦成为**领悟**，将无坚不摧。

城市

城市里充满了可能。当一个小男孩穿过城市，或许会看到一些东西，让他知道这一生想要做什么。

平面是房间组成的社群。一座城市的平面一点也不比一座房子的平面更复杂。你应该知道，它不是一个魔术袋，也不是系统的集合，但必定是面向本质的真实。在机构出现之前，必先对本质有所认同，对整体社会有所感知。城市，从简单的聚落，变成机构的集合。衡量它作为居住的地方是否适合，必须取决于其机构的特质，判定标准在于这些机构是否有追求新认同感的敏感度，而不是由需求来衡量，因为需求来自既有的事物。愿望是尚未被创造的，是生存之欲的根源。建筑师的思想最适合集结这所有的力量，把城市塑造成一个和谐的形象。

路易斯·康手稿

街道

在城市中，最重要的是街道，它是城市中最早的制度。街道是共识形成的房间，一间公共活动室，这个房间的墙属于捐赠者，（两侧房子的主人）将墙面献给城市供大家使用。天空是它的天花板。随着街道的出现，必定会产生会堂，这也是由共识形成的场所。

如今，街道是一些无趣的运动，根本不属于那些面对街道的房屋，因此你没有街道了。你有**路**（roads），但没有**街道**（streets）。

路易斯·康手稿

学校

我认为, 学校是一个适合学习的空间环境。学校起源于一个人在一棵树下, 与几个人讨论他的领悟。他不知道自己是老师, 他们也不认为自己是学生。这些学生希望他们的儿女也能听听这样一个人讲话, 于是搭建起空间, 建立了第一批学校。也可以说, 学校的存在之欲早在树下那个人之前就有了。这就是为什么要让思想回到最初, 因为对于任何活动, 诞生的一刻才是它最美好的时刻。

教育委员会会提出要求:"我们有个好主意, 不要给学校装窗户, 因为孩子们需要墙面来展示绘画, 而且窗户会分散他们对教师的注意力。"我想知道, 到底什么样的教师才值得那么多注意? 毕竟, 窗外的鸟、雨中匆匆找地方避雨的人、树上落下的叶子、飘过的云、洒下的阳光, 都是伟大的。它们本身就是课程。

窗户对学校来讲是必要的。你是由光构成的, 因此你必须认识到光的重要。你必须拒绝教育委员会这种告诉你人生真谛是什么的指示。没有光就没有建筑。

教堂

在理解教堂的本质时, 首先你有一处至圣所, 至圣所是为那些想要跪下来膜拜的人而造。至圣所周围环绕着一圈回廊, 回廊是为那些还不确定、却又想靠近教堂的人准备的。回廊外是院子, 给那些想要感受教堂的存在的人。院子有围墙。路过的人可以假装没看见它。

建筑

　　我认为艺术是一种神谕，一种需要通过艺术家表现出来的圣光。艺术家的创作是向艺术的奉献，一如艺术是先于作品存在的。**艺术**通过作品才能成为**艺术**，而不是远方蔚蓝之中的什么抽象概念。建筑作为一种人类的表达形式出现是极为重要的，因为我们活着实际上就是为了表达。

　　在我看来，一座伟大的建筑必须从不可量度的起点开始，在设计时必须通过可量度的手段，而最终必将成为不可量度的。建造，使建筑成为实存的唯一方法，就是通过可量度的手段。你必须遵循自然律，使用大量砖块，运用建造方法和工程学。但最终，当建筑成为生活的一部分，便唤起了不可量度的特质，实存的精神接管了一切。

　　建筑存在，但无形。唯有建筑作品是有形的，建筑作品是向建筑的奉献。

　　一件作品在工业的喧嚣中完成，当尘埃落定，金字塔回响着**静谧**，向太阳奉上阴影。

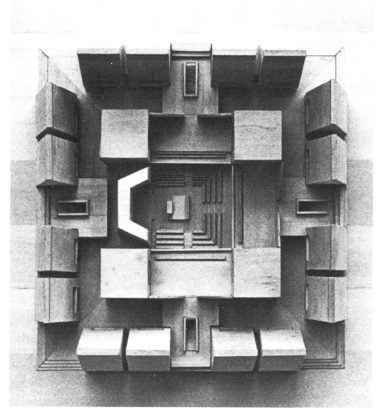

胡瓦犹太教堂模型, 耶路撒冷, 以色列

建筑师

一个人做事的方式是私人的，但他所做的作品属于每一个人。你最大的价值存在于你无法拥有的领域里，而你所做的不属于你的部分才是最珍贵的。它是你能够给予的，因为是你更好的部分；这个部分是属于人类整体的一部分，属于每一个人。你想要给予的东西在下一个作品中，而已经完成的作品总是不够完整。我相信，即使像巴赫这样伟大的作曲家，所作每一件作品都好像属于别人，临终前他仍然认为自己什么都没有做，因为人比他的作品伟大。他必须永不止步。

我相信成为一位建筑师需要很长时间；成为一位有抱负的建筑师需要很长时间。你可以在一夜之间成为一个职业建筑师，但想要感受到建筑中的精神，并为之奉献，需要的时间则要长得多。

建筑师处于什么位置？他就在那里，传达了空间之美，而空间之美正是建筑的意义所在。想象有意义的空间，并创造一个环境，它即成为你的创作。这就是建筑师的位置所在。

教师

　　我必须思考环境的奥秘,一个人如何被引导走上一条出乎意料的路。我原想当个画家, 从未犹疑, 直到高中的最后一年, 一门关于建筑的课程强烈震撼了我, 我知道我要成为建筑师。这门课是关于古建筑的: 古希腊建筑、古罗马建筑、罗马风建筑、哥特式建筑和文艺复兴建筑。我感到一种极大的幸福, 对于我未来的职业生涯毫无疑问。当然, 当时我对现代主义建筑一无所知。如今, 尽管我们生活在现代主义建筑的环境中, 但我感到相比现代主义建筑, 我与过去这些精妙的建筑之间的关系更加紧密。它们一直是我心中的参照物。我对这些建筑说:"哥特式建筑, 你看我做得如何? 古希腊建筑, 你看我做得如何?"

　　每个人在工作中都有一个他觉得应该对之负责的人物。我也对自己说:"柯布西耶, 你看我做得如何?"你知道, 柯布西耶是我的老师, 保罗·克雷特也是我的老师。我学着不去做他们做过的东西, 不去模仿, 而是去感受他们的精神。

　　指导学生作品不应以解决问题为目标, 而是要去感知事物的本质。但如果不从内心去挖掘, 是无法了解其本质的。你必须感受它是什么, 然后再看看其他人的看法。你的感受必属于你, 而讲授的语言不能是显而易见的, 这样才能使学习转化为独一无二的特质。

　　当我与学生对话时, 我常常感到每一个学生都比我高明。事实上他们并非如此, 但我的态度是, 在学校就像在教堂里一样, 我的任务是写下圣歌。我从教室中得到更新与自我挑战。我从学生那里学到的东西比我教给他们的还多。并不是我偷懒，也并非他们在教我什么，而是我在那些独特的个性面前教授自己，这不是与一群人的对话。他们教你有自己的特质，因为只有一个独特的人才能教另一个独特的人。

罗马广场马克森迪斯长方形柱廊大厅

印度管理学院过道，艾哈迈德巴德，印度

超越时间的时间

　　我家里有关于英国历史的书。我喜欢其中血腥的描述。有一套是八卷，我只读第一卷中的第一章，每一次都能看出不同的东西。但实际上，我只对"第0卷"感兴趣，对那些没有写的那部分，此外还有"负一卷"。历史并非始于书上提及的地方，历史在这之前就已存在，只是没有被记录下来。建筑之美涉及思想的追溯，那里有还没说过的话和还没发生的事。

　　在万物之中，我崇敬起源。尽管我相信，过去、现在、将来存在的会一直存在。我不认为那些年复一年、代复一代的环境变迁与你能获得的一切有关。老一辈人所拥有的才华和智慧，今天我们也拥有。但一物初现时，才是我们的创造发生的伟大时刻。

巴尔米拉死亡之谷的墓塔

为什么有建筑？

学生: 为什么有建筑？

康: 我认为, 若给建筑下定义, 就会毁了它。用希伯来的方法来回击你的逻辑问题, 我会向你提问。或许你能回答。我会说, 假如你的问题是"为什么有万物", 或许答案就在其中。

学生: 因为它就是存在。

康: 没错, 完全正确。它就是存在。

印度管理学院图书馆，艾哈迈德巴德，印度

II

建筑即精神

建筑

　　建筑将我们体验中的秩序呈现出来。它是我们的意识模型，是我们在天空与大地之间的契合，是我们彼此联系的方式，是我们机构的物理呈现。每一种文化的建筑都是这种文化世界的模型，不是这个世界的外形，而是其潜在形式的体现。因此，我们无法从现代建筑中直接看到一些科学家所描述的膨胀的宇宙，也无法从印度建筑中看到在浩瀚无际的大海里，巨龟背上站着的四只大象驮着的大圆盘——这曾经是印度人眼中的世界。相反，我们在建筑中发现主宰世界的潜在法则的样式，和为它的活动赋予形式、空间和时间的力量。例如，在这阳光下，我们能看到作为中世纪世界伟大模型的哥特式教堂，描绘了人类活动的边界、人间与天堂之间的来来往往、物质与光的本质、自然的力量，以及中世纪的人们感受到的人神意愿。

　　在《西方的没落》（*The Decline of the West*）一书中，奥斯瓦尔德·斯宾格勒描述了建筑在不同文化中如何成为他们世界观的表达。斯宾格勒看到古埃及人是不断走向一条窄窄的、注定的生命之路，继续前行，穿过死亡，直到末日审判之前。路两旁没有岔道，仿佛除了路什么都没有。伟大的埃及神庙是一组有韵律的空间序列，神道引人从公羊或斯芬克斯大道穿过，到达巨大的大门前，然后穿过有拱廊的庭院、柱厅、大厅，到达圣殿。相似的，金字塔用三角形石墙确定了从任何方向穿越沙漠而来的路。生命在那肃穆的建筑、平整光滑的石质表面的引导下前行。

埃及的方向性运动与中国依道家思想形成的"道"形成鲜明对比。中国人不受石墙界定的限制，在自然中穿行。中国寺庙不是一个独立的建筑，而是一个包容了山、水、树、花、石以及建筑本身在内的综合体，让空间像微风一般在其中流动。

希腊人则体验了个人与社会和自然之间的差异。裸体青年立像的发展体现了身体自我的萌生。古代雕像中清晰可见的神秘力量，屈服于解剖学上的理想主义和古典希腊人像的个体表达。对希腊人来说，表达是直接的，而不是穿越空间或时间的抽象表现。希腊瓶绘没有景深；希腊戏剧中的角色不因时间而发生心理变化；希腊神庙没有实用的内部空间。神庙独立于景观之中，多立克柱式比例完美，笔直、自由，各自矗立着。

哥特式教堂预示着西方对空间意识的探索。在哥特教堂的空间深度中，能够看到微积分学的不断演进、行星的运行轨道、巴洛克的复调音乐以及伦勃朗绘画的情感深度，这些都可以在哥特式大教堂的空间深度中看到。高耸而几乎没有墙壁，石笼和拱券的节点处迸发出力量，飞扶壁将力量从凉爽的内部空间带到阳光下，彩色玻璃为室内带来色彩明艳的阳光。西方的体验从人体的具象中解放出来，最终飞升入纯粹的空间与时间的抽象中，下沉到亚原子粒子的薄雾里，冲向无限的宇宙脉动。

　　为了了解这个世界，每一个时代的建筑师都在向内在和外在探索。埃及、中国、希腊和哥特时期的建筑师都找到了在世界再度变迁之前短暂的清晰。文艺复兴时期的建筑师阿尔伯蒂，在驾驭了透视法的艺术时，呼喊道："终于，我可以像上帝一样看这个世界了！"的确，当时阿尔伯蒂在汇聚的透视线界定出的透明空间中描绘世界。我们的视觉是有透视的，但从15世纪直到20世纪初，世界都存在于均质的时空里。后来，爱因斯坦的物理学、立体派画家的油画、普鲁斯特和乔伊斯的小说，以及弗兰克劳埃德赖特的开放式平面，将世界再次带回变迁之中，在相对论、存在主义的时空中浮现。建筑师与艺术家、诗人和科学家一样，是载体和媒介，不断将形式引入世界，重新创造。

现代建筑

　　现代主义建筑是对萌生于文艺复兴时期的理性世界观的一种表达，这种世界观反映了对中世纪教会、皇权和封建制度的反抗。中世纪思想家把人作为衡量一切事物的标准。他们认为，人类是自然的产物，能借用数学、理性思维和感觉去理解自己和自然。数学是自然的语言；理性思维是心灵的语言；感觉将二者联系起来。牛顿在 17 世纪用数学描述地球力学和天体的运动，为理性主义者的观点提供了巨大支持。18 世纪启蒙运动中，理性主义从自然科学延伸到人类事务，在美国和法国的革命中发挥了作用。到了 19 世纪，工业革命似乎证实了理性主义的力量不仅在于理解自然，还在于征服自然。从马克思和弗洛伊德开始，理性主义延伸到人类历史和人类意识，到 20 世纪初，它控制了建筑和艺术。

　　在现代主义建筑中，理性主义以两种方式表现出来：首先是功能主义；其次是抽象的直线形。所有能满足设计目标的建筑都是功能性的，但在 19 世纪末到 20 世纪初，功能主义具有特定的意义：建筑仅满足直接的实用需求，而没有其他含义。这个定义否定了合理的装饰和对历史风格的借鉴。当然，有装饰的建筑也能像没有装饰的建筑一样满足实用需求，但是去除历史风格是现代主义建筑师的课题之一，而功能主义则是用来赋予该观点道德上的合法性。

功能主义提倡按计划进行设计。以前的建筑设计都是来自原型，即过去已证实可用的、具有某种象征意义的基本建筑类型。选定一种原型，再将其植入一个特定的环境中。按计划设计，建筑师不是从原型开始的，而是从一份列着各种活动和其空间需求、以及它们之间相互关系的清单开始。这份清单会形成一份空间和相互关系的图表，然后生成了建筑的形状。功能主义理论认为建筑设计除了设计计划、基地条件、建材性质之外，不应受到其他任何因素的影响。

这种方法是为了确保那些无法列入需求清单的（如人类精神之类的抽象因素）不被考虑到设计中。按照这个理论，只要采用了正确的方法，就能设计出一座具有机械美感的建筑。功能主义者还认为，只要一座建筑能满足列表上的人类生理需求，就能带来社会进步。

当然，建筑师并不严格追随功能主义，或许根本就做不到。抽象直线形美学同样对现代主义建筑产生了影响。这种审美在 20 世纪 20 年代尤其盛行，直至今天。与功能主义一样，这种审美使现代主义建筑脱离了过去的建筑风格。它还要象征现代工业化材料和技术的规则与重复，尽管这些材料和技术并不一定用来建造直线形的建筑。现代主义建筑与传统风格的脱离并不是为了达到其他目标的副产品，它本身就是一个终点。现代主义建筑师认为，基于数学和不变的自然法则的理性主义工具使科学、通用的建筑形式超越传统风格成为可能。

在建筑和其他领域的发展过程中，理性主义也曾听到一些反对的声音，但就总体而言，它的发展是相当稳固。理性世界观可以被描述为一种由始终如一的时空构成的规律宇宙。在这个宇宙中，均匀的空间和时间、运动由数学定律控制，一切都是可知的，且终会被了解。从文艺复兴时期到 19 世纪中叶，西方人对这种世界观深信不疑，就像埃及人或希腊人对他们各自时代的世界观深信不疑一样。但在 19 世纪末，正当所有的科学似乎都能达到绝对的严谨时，理性世界观的潜在基础却开始瓦解。在测定地球在太空中准确运动轨迹的实验时，得到了令人不安的结论，最终，爱因斯坦的狭义相对论和广义相对论推翻了统一的时空。后来，量子力学又动摇了因果关系。更糟的是数学，被认为是意识和世界之间的绝对而稳定的支点，也开始崩溃了。起初，非欧几里得几何学认为，数学或许并不具有先天的有效性。接着在 1931 年，哥德尔发表了他对形式数论（即算术逻辑）系统的"不完全性定理"的证明。

科学能否充分解释人类对世界的经验，已受到多方面的质疑。与此同时，在现代主义建筑运动将物理学视为客观建筑科学模型时，物理学本身的客观性却在减弱。在 20 世纪初，弗兰克·劳埃德·赖特认识到建筑必须超越理性主义，但在 20 世纪 20 年代居于优势地位的欧洲现代主义建筑师仍在追求理性主义的严谨。第二次世界大战以后，这些欧洲人统治了建筑界。直到 20 世纪 50 年代末，他们的严谨性再也维持不下去了，而玻璃盒子——曾承载着对水晶城市的梦想，正在使全世界的城市变成一片毫无特色、疏离而死气沉沉的荒芜之地。

理性是理解既有物的律则。然而，如果我们想看到更广阔的世界，一个包含了已存在和尚未存在的世界，作为具有创造力的艺术家、科学家和建筑师，必须拥有一种更强大的律则，一种诗人所用的律则，即中国古代道家哲学家老子谓之"道"（Tao），存在主义哲学家马丁·海德格尔称之为"存在"（Being），而路易斯·康将它叫作"道"（Order）。

道

20 世纪 20 年代, 路易斯·康在宾夕法尼亚大学接受传统 "鲍扎" 体系 (Beaux-Arts) 教育。"鲍扎" 体系可以追溯至 19 世纪初, 发源于法国, 植根于古希腊和古罗马的古典柱式。"鲍扎" 体系的核心是这样一种假设, 即我们的文化是因为古典基础而稳固起来的。这种经典观点一直延续到 20 世纪, 与现代主义建筑运动并行, 但到了 20 世纪 40 年代就开始站不住脚, 并被摒弃了。20 世纪 30 年代, 康开始涉足现代主义建筑领域, 但他从未适应这种风格。他受到的教育告诉他, 超越于理性主义之上还有更深层的秩序有待追寻。这种秩序仅靠如 "鲍扎" 体系一般回归古老式样是无法找到的。若想找到它, 只有深入并超越理性主义。

康在追寻秩序的路上挣扎多年。起初, 他以为他是为自己的建筑寻找更可靠的组织原则。到最后他终于意识到, 他所追寻的是一个普遍原则, 一个适用于所有存在的原则。从那时起, 他开始谈论道。

道成为康探索人类在世界中的位置、人类意识的本质、意识与自然之间的关系等问题这些问题时所采取的途径。理性主义将意识和自然分开, 以数学作为二者之间的纽带。而道将二者置于一处, 彼此相互依存。康没有说道是什么, 而是以暗喻的方式讲述。道是万物背后的法则, 在其中表现为存在之欲, 一种万物超越时间之外、诞生之初即具有的特质, 康称之为 "第 0 卷"。我们或许可以说, 道不仅是万物的潜在法则和特质,也是一种活跃的创造力：它是万物成为实存的方式。对道的理解是必要的，这样我们才不会限制或低估它的意义，因为道不止存在于实存之中，也存在于尚未成为实存的事物。在人类意识中，它是一种创造的力量，在通过艺术创造自然无法创造之物的过程中，起着积极的作用。道终究是不可尽述的，最后，康只是说道："道存在。"

万物皆有道：风、材料和我们人类。康以两种方式触及道。第一种是直接提问。从他与砖的对话能够看出来，对话开始他问道："砖，你喜欢成为什么？"他解释说，你可以与任何材料或自然本身进行同样的对话。康的设计也以相似的提问开始："这座建筑想成为什么？"康触及道的第二种方式是审视自己的内心。道主宰着万物的创造，而万物也成为这创造的记录。我们的创造记录在我们的直觉当中。因此，直觉是我们最真实的感觉。康向直觉探询自己的起源，揭开了从喜悦到静谧与光明的"起源"。他理解了起源或创造并非只是发生在过去，而是每一刻都在发生。创造是我们正在接近的，因此我们可以走近并参与其中。

康所说的道无法直接描述，只能借由诗意的隐喻来说明。当谈及道，康将尚未存在的称为静谧，将已经存在的称为光明。静谧是不可量度的，是存在之欲。光明是可量度的，是存在的给予者。在静谧与光明之间是一道边界，跨越边界就会从一边到另一边。这道康称之为阴影的宝库的边界，其所使用的语言是艺术。艺术即是从静谧到光明。因此，如果有人问及一座建筑或任何艺术品在被艺术家或建筑师创造出来之前在哪里，答案是在静谧之域。建筑师的任务是先将它从静谧带入光明，即使它成为领悟，然后将它从光明带入物质，即从领悟成为实际的建筑物。

康认为静谧与光明的二元性只是表面的。他说他将它们看作兄弟，但他意识到，其实并没有两个，甚至一个都没有。超越二元性即是一，超越一之上的，康称之为道。

康用光明一词来表达纯粹的存在，即尚未具有物质特性。他观察到，物质开始于光停下的地方。在一张建筑草图中，他发现画线的地方即是没有光的地方。当建筑建成，线条就成了墙体，也是光停下的地方。他说："所有的物质世界都是光的自我消耗。"

光对建筑极其重要；光使建筑呈现。伟大的现代主义建筑师勒·柯布西耶写道："建筑体量是会聚在阳光下精巧、正确而华丽的表演。"如果我们以不同地方的光线来比较古典建筑，例如，强烈阳光下的希腊建筑与朦胧光线中的英国建筑，就能看到在建筑创作中，光是多么重要。

伟大的历史建筑是石砌的，需要厚重的墙。这些墙上的洞口从侧面反射光线，并在光线进入房间时对它进行塑造。现代主义建筑精于使用轻薄的材料，无法对光线进行这样的调节。康的设计中做了许多努力去寻找方法，如何运用现代建筑的材料，在光线进入房间之前对它进行塑造。

康关于道的理念与老子对道的理念十分相似。老子写道：

道可道，非常道；名可名，非常名。无名天地之始，有名万物之母。故常无欲，以观其妙；常有欲，以观其徼。

康所谓静谧，老子谓之无名。康所谓光明，老子谓之有名。在其他地方，另外，老子谈到有和无，他写道：

天下万物生于有，有生于无。

康说光明凝结形成物质世界。老子将物质世界称为"万物"，万物来自有名，或是有。

康认为道凌驾于静谧与光明表面的二元性之上。老子写道：

道生一，一生二，二生三，三生万物。

在比较康与老子的理论之间的相似性时，我也要指出二人之间的区别，这种区别以传统东方和西方存在方式的差异为特征。这些在弗兰克·劳埃德·赖特与东方思想的相遇中体现出来。

尽管康和赖特的哲学和建筑有所不同，但他们有同样的精神和创作动力。赖特发展所谓的有机建筑，是对民主政治、美国景观的开放性和现代材料运用的回应。赖特看到了他的有机建筑哲学和东方思想之间的相似性。他写道：

与中国哲学家老子的信仰不同，有机建筑的基础并不是佛教教义。但直到我找到并建立自己的信仰后才意识到这些……长久以来，我一直认为是我"发现"它的，没想到这种以室内空间为建筑之真实的理念是来自古老的东方……正当我洋洋得意时，收到了大使从日本寄来美国的一本冈仓天心的小书，名为《茶之书》。阅读中我看到了这句话："房间事实上是在屋顶和墙体围合的空间之中，而非屋顶和墙体本身。"

这下可好，别说蛋糕了，我连面团都不是。合上这本小书，我走到外面，敲击着路上的石头，试图找回内心的自我。我像泄了气的皮球；我以为这是我的原创，但并不是。过了好几天我才重新打起精神。但我重新振作是因为我想到："究竟是谁建造了它？是谁将这思想植入建筑？老子或任何人都不曾有意识地建造它。"当想到这一点，自然会想："那么，一切都没什么，我们还可以继续昂首向前。"从那时起，我便一直昂首，向前。

我们在赖特身上看到了强烈的自我意识、对个人成就的强调，以及将建筑的价值视为一座文化的纪念碑、一件艺术作品。这一点我们在路易斯·康身上也能看到。或许赖特和老子的最终意图是相同的，但他们强调的重点不同：老子的目标是对道的领悟，这是根本，一切世俗成就与它相比都黯然失色。然而赖特和康不能满足于探索有机空间或道。他们都觉得必须把所发现的东西付诸实践，与之抗争，然后带上个人标记，表现在这个世界中。艺术家有创作的动力，但永远不会对自己的作品完全满意。康说，即使是像巴赫这样公认的伟大作曲家，临终时一定认为自己什么都没有做。你最伟大的作品永远是下一个；你必须永不止步，即使死亡也不能圆满结束你的抗争。

机构

　　静谧与光明的隐喻，使康领悟了一座建筑如何成为实存。他对人类机构的理解使他知道一座建筑是为谁服务。

　　如今，我们倾向于负面地看待机构。我们认为庞大的、官僚的、毫无同情心的组织，关心自己的成长甚于服务人的需求。但康看到，在这些机构背后的是欲望，如求知欲，只有在人们聚集在一起的社群中才能表达出来。康认为，服务于这些人类欲望在如今的机构中仍然隐约存在，而建筑可以满足这些欲望。对康而言，建筑是关注人类机构的艺术。建筑不仅仅是抽象的形式，它们总要服务于某种机构：住宅是为了居住，学校是为了学习，实验室是为了科学研究，等等。只有服务于有活力的机构时，一座建筑才有意义。

　　机构产生于对人类特质的定义，这特质即是自我表达的欲望。正是这种欲望使我们之所以为人。康说：

　　"欲望——尚未说出、尚未创造的特质——是活着的理由。欲望是表达本能的核心，永远不能被阻挠。"

　　对康而言，欲望是表达的途径，有三种伟大的欲望：学习的欲望、集会的欲望和幸福的欲望。在共同意志的驱使下，人们寻求这些欲望的满足，形成了最早的机构：学校、街道和村庄绿地。我们今天所有的机构都能追溯到这个起点。值得注意的是，康所谓起源，指的不是历史上的起点，而是超越时间之外永恒的起源。

一座建筑能够且应该容纳其机构的精神，即使它的直接使用者已经忘了这一点。教师可能变得官僚；立法者开始腐败；牧师变得教条。但学校的大厅永远能够让人们在此交流思想；立法机关的议事厅可以让人们集会；教堂的穹顶是人与神明交流的桥梁。这不是建筑中可量度的部分，也不是业主项目计划书中的功能和空间。而是建筑师对学校、立法机关和教堂的原始意图的领悟，在建筑中表达出来，让我们看到了这种机构为人类服务的目标。

康最重要的作品完成于20世纪60年代到20世纪70年代初，那是一个颠覆、质疑机构的时代。许多建筑师要么觉得机构必须改变，建筑必须暂停，直到改变完成，要么觉得机构无法改变，建筑必须退回正统审美，忽略建筑的机构用途。康拒绝这两种态度，一种是乌托邦式，另一种是虚无主义。对康来说，建筑意味着持续不断地参与到真实世界中，因为它存在于当下，利用环境，一座特定的建筑，它的用途和材料，是回归永恒，带来新的领悟的途径，从而丰富世界。

形与设计

　　康区分了形和设计。通常提到形，我们指的是物理形状或艺术秩序。然而，康用形来表达存在之欲，是事物成为物理实存之前的本质。万物皆有存在之欲，它表达了万物之道。玫瑰想成为玫瑰。人想成为人。康关于存在之欲的理念类似于19世纪哲学家亚瑟·叔本华的理念，叔本华认为自然万物，包括人类，都是欲望的实体化。既然我们自己和我们所感知的对象都是如此，我们就可以通过内省来了解意志的运作。在叔本华的哲学中，艺术具有特别的地位，他认为音乐是意志的直接表达。建筑被称为凝固的音乐。

　　建筑师的任务是发现建筑的存在之欲，并将它带到现实世界里来。康总是从这个问题开始："这座建筑想成为什么？"这个问题的答案将归于形。

　　以教堂为例，在康的表述中可以看到形：

　　首先你有一处至圣所，至圣所是为那些想要跪下来膜拜的人而造。至圣所周围环绕着一圈回廊，回廊是为那些还不确定、却又想靠近教堂的人准备的。回廊外是院子，给那些想要感受教堂的存在的人。院子有围墙。路过的人可以假装没看见它。

　　在这个例子中，形用语言表达出来。它也可以用图表来表示。

康的设计方法始于形，与大多数现代主义建筑师的方法都不同，前面曾讨论过，这些建筑师是从活动和空间的大纲开始设计。对于业主给他的设计要求，康的第一反应是要改动它。（因为）它无法告诉他该如何设计一座为制度服务的建筑。因此他说，如果教育委员会要求设计一座没有窗的学校，建筑师就一定要拒绝这个要求。光对生活、学习是非常重要的，因此它属于学校的形。一旦形被感知，建筑师就可以开始设计。设计为形赋予特定的形状和材料，将它带入现实世界。设计过程也要反复推敲，在设计中测试形，如果必要的话，就发展出新的形。但没有形，就无法开始设计。

康认为，形不是个人的；它属于建筑。但设计却属于建筑师。康对建筑的贡献在设计也在形。如前所述，现代主义建筑师想通过使用抽象的直线形切断建筑与过去的联系，这样设计的建筑无法用从前的建筑风格来识别。康的方法则不同。他通过建筑重新建立了与过去建筑之间的联系，因为他认为伟大的埃及、希腊历史建筑，尤其是古罗马建筑，更接近建筑和人类制度的起源，这些都是两千年来西方建筑的源头，因此比现代主义建筑更加重要。

过去的建筑对材料有一种敬畏，这些材料直接来自自然，通过人类的创造意识转化为建筑。工业革命将建筑师从建造过程中分离出来，材料也失去了它们的特质。康重拾了这种敬畏。康对材料研究的深度能够从他与砖的对话中看出来。在建筑作品中，他以全新的方式使用砖、混凝土、板岩、柚木、橡木、铅和石灰华，使这些材料在建筑中重现活力。也是从过去中，康重拾对人类在世界上的位置的关注。他强调建筑中形式与人类意义之间的联系。从他强调结构是人类经验的组织者的观点中能看到这一点，特别是他认为柱的位置是道的给予者的观点。

康也向伟大的现代主义建筑师学习。从密斯·凡·德·罗那里，他学到以简洁、质朴的方式使用材料，却营造丰富华丽的感觉，也学到用结构来整理空间。从勒·柯布西耶那里，康学会用形式来回应人类行为。尽管康个人并不欣赏赖特的建筑，但赖特提供了一种从起源重塑建筑的模式。有时，康将这些人的发现融入自己的作品，但如他所说，他主要是尝试去感受他们的精神。一些年轻建筑师受到康的影响也做出了相似的回应，他们将康的深入研究应用在当代独特的问题上，感知他对形的探索，从而追求自己的设计。

康对永恒和形的理念类似于卡尔·荣格所谓的集体无意识（collective unconscious）和原型（archetypes）。对荣格来说，集体无意识是一个超越个人无意识的存在领域，由原型构成，而原型是将人类经验之永恒主题具体化的模式或形式。这些主题的表现形式因特定文化的环境和习俗而异。因此，神的死亡和复活乃是一种原型，在奥西里斯、狄奥尼修斯、耶稣等人身上表现出来。同样，对康来说，学校是一种永恒的形，表现在个别的学校建筑中，回应了特定的地点和时间，但也是对学习的献礼。

建筑的任务

　　康将欲望和需求分开。他说："不能满足需求是可耻的。不用说，你来到这个世界上，你的需求就必须得到满足。"但欲望远比需求重要。身为公民，我们应该都对需求负有责任。对康而言，建筑的首要目的并不是社会改革或城市更新，但在他自己的作品中，康确实对社会和经济问题有所关注。他设计低收入者住宅、采用合适当地的技术。比方说，在美国使用复杂的后张预应力混凝土；在经济贫困但人力富足的孟加拉国和印度地区使用砖。然而，如果一个建筑师的努力，如只对一个国家的需求做出反应，那么十几座建筑并不能有多大益处。如果建筑是服务性的，它所回应的就不能仅仅是需求。建筑师也应该为欲望服务，为建筑想要成为的样子和人类自我表达的欲望服务。

　　因为服务于欲望，建筑会使精神世界更加丰富。这种丰富发生在静谧与光明之间打开的通道口。穿过这条通道，不可量度的可以变成可量度的，当建筑建成，通道打开，我们就可以回溯到不可量度的领域。康认为，伟大的建筑始于不可量度的领悟。领悟源自建筑师对机构、对材料、对被造之物起源的探索。领悟无形，必须跨过一道边界，从不可量度的进入可量度的，起初是形，然后是一座实体的建筑。可量度的包括砖和混凝土，也包括业主、预算、建筑规范和承包商。当对所有这些都有所考虑和尊重，仍不损及最初的领悟，就会诞生一座伟大的建筑。然后，当站在帕特农神庙前、沙特尔大教堂的中殿内，或是康的萨尔克生物研究所的开放中庭中，我们能体验到回归不可量度的领域，使我们的自我更完整、世界更丰富。康说："一件作品在工业的喧嚣中完成，当尘埃落定，金字塔回响着静谧，在太阳下映出影子。"

当然，建筑并不总是被如此看待。建筑常常被看成仅是盖房子或是一种职业。对康而言，建筑是精神路径。他说：

还有很多我们可以实现的可能性。我认为，建筑师的工作是找到方法，为那些尚未存在的可以得到空间，让已经存在的拥有很好的环境，使它们成熟到可以与你交谈。你创造的空间要成为一个人给予另一个人的处所。这不是操作层面的问题，操作层面的问题可以留给建造者或经营者。他们已经建了世界上百分之八十五的建筑，就再给他们百分之五。你只留下百分之十，或者百分之五，做一个真正的建筑师，而不是盖房子的专家。以它为职业只会埋没了你自己，你变得和别人一样，你会被赞扬像另一个人一样，却无法认识自己。你很会做生意，整天打着高尔夫，你的房子终究会建成，可这算是哪门子建筑？而这种生活又算什么？如果喜悦被埋葬，还有什么喜悦可言？我认为喜悦是我们工作的关键，一定要感受到它。如果你无法从所做的事情中感受到喜悦，就不算真正活着。生活中总会有些痛苦的时刻，但最终，喜悦会战胜它。

康关于建筑的教导，适用于任何教育方式。我们选择任何一种教育方式都应该使我们能深入了解我们的文化，也让我们能够将一些东西给予他人。而任何一种教育方式都不会自动以这种形式呈现给我们，我们必须使它变得适合我们自己。

人类的位置

在康所描述的"道"中，人类处于什么位置？康将人类视为可量度与不可量度之间独一无二的交会。这一交会可在知识（可量度的）和直觉（不可量度的）、大脑（让我们从自然汲取所需，是随情况变化的）和精神（永恒的）之间的互动中看出来。正是由于我们是可量度与不可量度的交会，我们扮演了将事物从静谧带入光明的特殊角色，以艺术作为这个角色的语言，亦即真正的人类语言。

哲学家马丁·海德格尔的著作是当代存在主义哲学的核心，他对存在和人类的观点与康类似。康所谓的道和老子所谓的道，海德格尔称之为存在。对海德格尔来说，存在是万物之本。人类的使命是守护存在，做存在的牧者。海德格尔认为我们忽视了这个使命，与存在隔绝，这种状况可以追溯到古希腊。对古希腊哲学家巴门尼德（Parmenides）来说，存在和思想为一体，但亚里士多德认为，二者是分离的，人类是能够理性思考的动物，但与存在无关。

当我们对研究的兴趣越来越浓，海德格尔看到了一个"沉入黑暗的世界"，研究是可控制的、有计划的、系统性的工作，却牺牲了洞察与理解。我们丢弃了作为存在牧者的身份。康会说，我们太关心可量度的事物，而忽略了道；老子会说我们关心万物，而忽略了道。海德格尔看到我们放弃使命而引发的两种可怕的后果。一种是存在本身变成了尼采所谓的"迷雾"。它因我们的疏忽而受创，而我们也不再感受到它的存在；

另一种是我们迷失了自己。徘徊在被物质世界无数琐事所淹没的生活中，我们不知道超越世界之外还有什么，也不知道我们在更高层次的世界中可能处于什么位置。

在阴影的宝库中，人类地位微薄。为了保有它，科学家必须与自然亲密接触，医生必须寻求整体性，工匠必须与材料融为一体，诗人必须论及存在，而建筑师必须追寻道。

石造建筑始于伊姆霍特普（Imhotep），他是古埃及第一座金字塔的建筑师、文明的创造者、大祭司，后来成为了治愈之神。有趣的是，古埃及人将他们的第一位建筑师也视为治愈者，文明的完整和人的完整被视为一件事。建筑师的头衔在历史上各有不同：在埃及，是祭祀和医师；在法国哥特时期，是首席工匠；在意大利文艺复兴时期，是艺术家和工程师。但建筑师扮演的角色是一样的——是存在的守护者，道的追寻者，透过形式中的精神获得文化的更新。

建筑师直接参与到用材料建造建筑和创造历史的过程中。一位伟大的建筑师觉察到某种文化中的环境变化，并将这变化在建筑中体现出来。以这一点来衡量，康是一位伟大的建筑师。

但另一衡量方法，超越了特定的时代，因为如果建筑师只为他的时代而设计，必然会被那个时代所局限。康也在自然、人类和建筑中探索永恒。他用建筑回应超越时间的起源，但也满足业主当时的使用要求。

一座伟大的建筑应能认识到，尽管使用的需求因时代而变化，但人类内在深处是不变的。一座伟大的建筑，向最初使用它的人讲述他们那个时代的意义，向未来的使用者讲述过去的故事。它也向所有人讲述着超越时间的永恒。正是通过与永恒的联系，康达到了超越任何特定时代的伟大，他触及了建筑的道。

在评论我们的文化时，T·S·艾略特写道：

在理想与现实之间，
在动机与行为之间，
总有阴影徘徊。

路易斯·康教我们理解阴影之道——在理想与现实之间，在静谧与光明之间。

只要他的建筑屹立不倒，并且大部分还将屹立很长一段时间，路易斯·康就会直接与那些活着的、他爱着的人以及爱着他的人对话。当他的建筑不存在，永远消失了，人们仍能间接得到智慧。

——巴克敏斯特·富勒（Buckminster Fuller）

III
路易斯·康的建筑

理查德医学研究中心

费城，宾夕法尼亚州
宾夕法尼亚大学汉密尔顿路 3700 号
1957—1961 年

　　康在快 60 岁时开始设计的这座医学研究中心，是他的第一座重要建筑。从功能主义、对任务要求的回应、忠实地使用材料、对玻璃的应用等方面来看，它成为了现代主义建筑的极致之作。同时它超越了现代主义建筑，成为新的起点。

　　在设计这座医学研究中心时，康以现代主义的两个主要原则为开端：对任务要求的清晰回应和对材料的忠实表达。他调研了科学家在实验室里的工作方式，发现远离阳光直射的弹性区域是最佳的位置。因此，环绕这些靠窗的地方，他设计了科学家可以在阳光下记录笔记的区域。这两种区域结合成一个空间单元，用预制后张混凝土作为结构支撑的单元，成为"被服务"空间，容纳了楼梯和通风管道的塔楼服务于它。然后，三组这样的空间单元和它们的服务塔楼聚集在主要服务核心周围，这一布置方式在垂直方向上重复七次，成为一座七层的大楼（后来加建了两座生物大楼，构成了整个建筑群）。

　　在试图依循现代主义建筑的方法和结论时，康发现二者都有不足。考虑任务书中的空间需求，他发现必须去超越仅列出功能和空间的做法。他区分空间层级，创造了他所谓的"被服务"空间和"服务"空间，被服务空间供人使用，服务空间用来容纳管道和设备。这种空间层级划分，开创了比现代主义建筑所呈现过的更透彻的实验性发展。同样，康开始在现代主义建筑的范畴内研究材料，但不久就发现这个范畴太局限了。随着技术的发展，材料及其应用方式在不断变化。在理查德医学研究中心建造时，红砖已有超过二十年没有被用于任何重要的现代主义建筑中了。康选择红砖时，并没有任何近代传统可依循，而且他发现仅对砖的属性进行理性分析也是不充分的。正是基于这一点，他展开了"与砖的对话"，以此作为从本源探求其本质。一旦了解了它的本质，就能适当地使用它。

康挑战现代主义建筑，大可采取否定的态度，反抗理性主义和功能主义。但他并没有这么做。他对现代主义的挑战，是完全投入其中，并从另一边走出来。他将理性主义突破到极限，当他所需已超过理性主义所能给予的，他便进行更深层次的探索，探索所谓的道。

从建筑群后面的植物园可以看到湖对面的实验室

中间为实验室层，右边为楼梯塔楼，左边为建筑的主要服务核心

北侧入口视野

生物大楼入口，混凝土柱和悬臂梁为预制的

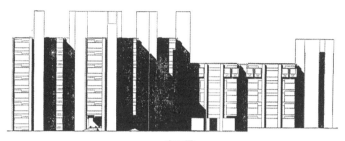

立面图

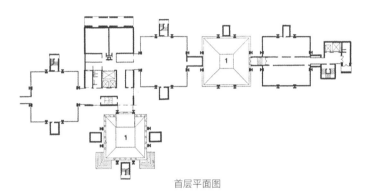

首层平面图

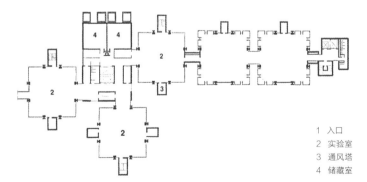

1 入口
2 实验室
3 通风塔
4 储藏室

标准层平面图

萨尔克生物研究所

拉霍亚, 加利福尼亚州
北多利松路 10010 号
1959—1965 年

理查德医学研究中心在功能上有一些限制: 实验室空间太小、暴露在天花板上的管道会积灰尘、穿过窗户的直射阳光会对科学家造成干扰。在萨尔克生物研究所的实验楼里, 康克服了这些缺陷。将实验室的空间扩大, 使用更具弹性, 管道封闭在独立空间里, 大大的挑檐遮蔽了直射阳光。然而, 理查德医学研究中心和萨尔克生物研究所还有更重要的区别。萨尔克生物研究所是康第一个完整的新建筑愿景, 是对整个人类做出的回应。康说:

当萨尔克来到我的工作室, 让我设计一栋实验楼时, 他说:"有一件事是我希望能实现的。我想邀请毕加索到这个实验室来。"当然, 他是在暗示 (在可量度的科学中), 即使是最微小的生命也有自我存在的意志。微生物想成为微生物, 玫瑰想成为玫瑰, 人想成为人, 想要表达。萨尔克感知到了这表达的欲望: 科学家需要不可量度的存在, 而这是艺术家的领域。

康将萨尔克生物研究所设计成曼荼罗 (Mandala)。在东方艺术中, 曼荼罗通过一系列同心的几何形代表了自然的秩序和层级, 每个几何形中都包含一个神的形象或神的属性。在荣格心理学中, 曼荼罗被看作是将自我的不同方面重新统一起来的途径。康的建筑从外部楼梯和卫生间的设备空间（躯体）向内辐射，经过生物研究的实验室空间——密闭的，由计算机监控，同时为管道和设备的大空间所服务（心灵）；经过人与人会面的走廊（社会）；经过柚木遮蔽的科学家私人办公室，这里能看到海景，是沉思的场所；最终到达中心庭院，这里只有一条水道穿过，这里是静止的场所，是面向天空的立面，一座没有屋顶的教堂（精神）。因此，依序是躯体、心灵、社会、精神：全人类的属性。一座伟大的建筑必须满足每一个方面，并将它们整合起来。

在萨尔克生物研究所中，康重拾伟大历史建筑中形式与材料的丰富性，将那些形式与材料布置在天空与大地之间，来交流我们从别处无法获知的、关于我们自己的事情。现代主义建筑痴迷于玻璃盒子如机器般的特质。康在设计实验室时，也使用玻璃来围合工作空间，但接下来他用历史的丰富形式，用混凝土将玻璃包裹起来，然后，在大楼的两翼之间，敞开一片中心庭院，一个静止的场所，一个静谧之地。

从中心庭院轴线看下去，中心水道指向远方的大海，两侧建筑为科学家办公室或研究室，
墙体的角度面向海洋

从海边悬崖处望向实验室建筑群

站在实验室前的走廊上望向有四间研究室塔楼，在庭院喷水池的另一边是另一座研究室塔楼

喷泉底部是用石灰华雕刻的大型雕塑

庭院入口附近是水道的源头，水流过中庭，在另一端形成喷泉

研究室的滑动柚木百叶能够遮蔽阳光

从上层走廊向下，建筑由清水混凝土建成，庭院铺着石灰华地砖；在庭院另一边的研究室塔楼之间，可以看到交替布置的实验室和设备层

图书馆底下的走廊

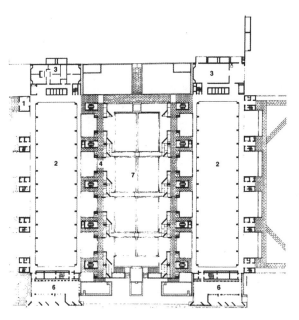

平面图

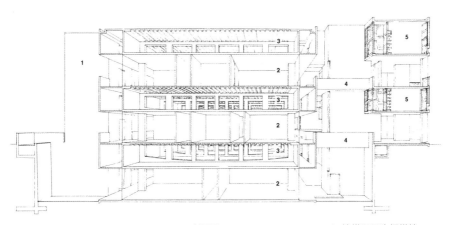

剖面图

1 楼梯和卫生间塔楼
2 实验室
3 机械设备
4 走廊
5 研究室
6 图书馆
7 庭院

萨尔克生物研究所社区中心

（萨尔克会堂）
拉霍亚，加利福尼亚州
1959—1965 年（设计方案，未完成）

　　萨尔克生物研究所建筑群原计划分为三个部分：已建成的实验室、因经费问题而未完成的住宅和会堂。会堂虽仅是草图，却是康伟大的成就之一。一系列房间和一座礼堂环绕着一个封闭的大型内庭，内庭没有特定的功能，可以用来举行正式晚宴或集会使用。但它的特点就在于没有特定的用途。因此它具有无穷的潜力，一个为尚未发生的一切——那些仍是"存在之欲"的一切——营造的场所。

　　康在会堂中所用的形状，以及将这些形状组织起来的强烈的几何形，可追溯至古罗马建筑。借由这些参照，康展示了现代主义建筑师如何从过去的组织原则中学习，而在这样做的同时，也使建筑再一次敞开接纳历史。康使用了一些形状，特别是圆中有方、方中有圆，使一些房间拥有双层墙体。在康的设计中，阳光穿过外层墙体的开口，在两层墙壁之间反射碰撞后，再进入房间。从而他可以用现代主义建筑的薄墙调节并塑造射入的光线，而不必像古代建筑师那样用厚重的墙体。

　　康的几个方案始终没有建成。他说：

　　未建成并不是失去。一旦它的价值建立起来，它想要呈现的愿望是无法磨灭的。只是在等待适当的时机罢了。

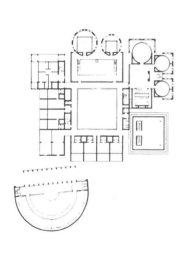

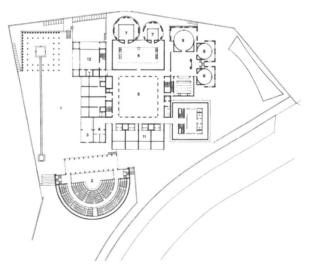

二层平面图   一层平面图

1	花园	7	阅览室
2	礼堂	8	厨房
3	入口门廊	9	餐厅
4	入口	10	健身房
5	宴会厅	11	客房
6	图书馆	12	管理用房

孟加拉国首都综合体规划

(首都建筑群)
达卡，孟加拉国
1962 年，未完成

康热爱城市。他认为城市是人类机构的聚集之地，把街道和建筑的布置看作是机构之间的对话。孟加拉国首都综合体规划（原本是巴基斯坦第二首都规划），他在其中寻求国会议堂、清真寺和最高法院之间恰当的关系。他说：

我接到一个庞大的建筑设计任务：国会议堂、最高法院、宾馆、学校、体育馆、外交使节区、居住区、市场，所有这些将全部布置在一千英亩易受洪水侵袭的平坦土地上。我不断思考这些建筑应布置成怎样的组群，以及如何让它们各就其位。第三天夜里，一个念头让我跌下床来，这个想法一直是这个规划案的主要理念，这只是源于领悟到集会是一种超然的本性。为了接触社会精神，人们聚集于此，而我认为这是可以表达出来的。通过观察巴基斯坦人的宗教生活方式，我认为将清真寺纳入国会议堂的空间组织中能够反映这种感觉。

在我心目中，最高法院是立法行为对违反人类本性哲学观点的考验。这三者（国会议堂、清真寺、最高法院）在考虑集会的超然本质时，密不可分。

直接假定这个观念正确是武断的。我怎么知道这样是否适合他们的生活方式。但我还是采用了这个假设。

第二天我们见到了大法官，他像往常一样用茶和小点心招待了我们。

他说："我知道你们为什么到这来，小道消息在巴基斯坦传得很快。但你们找错人了，因为我不是这个议会团体的一员。我会到省城的省立高级法院，律师都在那里，在那边我会自在得多。"我对他说："大法官先生，这是你个人的决定，还是追随你的法官都这么想？让我解释一下我打算怎么做。"于是我在纸上画下了国会议堂的第一张草图，把清真寺安排在湖边，还加上了环湖而建的宾馆。我给他讲了我如何看待集会的超然本质。他想了一会儿，从我手中拿过笔，在清真寺的另一端画了一个记号代表最高法院的位置，我也打算把最高法院布置在那的。然后他说："清真寺足够将国会议堂中的人完全隔开。"

在描述这个建筑群时，康说：

实际上，我在达卡的设计灵感来自卡拉卡拉浴场（the Baths of Caracalla，宏大的古罗马公共浴室），但延伸得更广。这座建筑的居住空间是圆形露天剧场式建筑。这是剩余的、被发现的空间，是庭院。周围环绕着花园，而建筑主体部分是圆形剧场，是内部空间，内部空间中有层层花园、向运动员致敬的地方，还有向有关人类本源的知识致敬的地方。所有这些都是幸福的场所、休息的场所、是能够获得如何永生建议的场所……是这些激发了我的设计灵感。

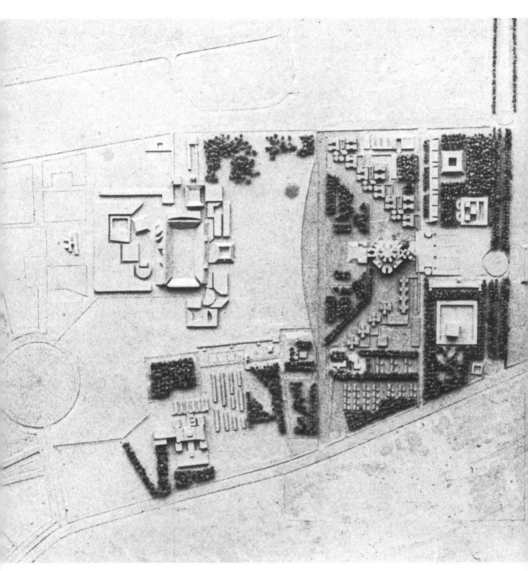

首都综合体规划模型（最终版本）

国会议员使用的宾馆和休息室（之一）

国会议员使用的宾馆和休息室（之二）

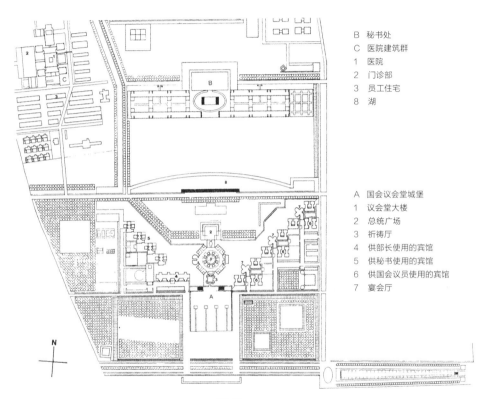

B 秘书处
C 医院建筑群
1 医院
2 门诊部
3 员工住宅
8 湖

A 国会议会会堂城堡
1 议会堂大楼
2 总统广场
3 祈祷厅
4 供部长使用的宾馆
5 供秘书使用的宾馆
6 供国会议员使用的宾馆
7 宴会厅

平面图

孟加拉国达卡国民议会大厦

达卡，孟加拉国
1962 年，未完成

达卡国民议会大厦是康重新探索以建筑中心作为主要控制力量的一系列项目之一。谈及这座建筑，康说：

议会大厦对从政者来说是一个超然的场所。在立法建筑里，你面对的是具体的情况。而议会厅则是要建立或修正人类机构，因此我从一开始就将此地视为集会的堡垒，或刚好相反，也可堪称人类机构的堡垒，我将人类机构符号化了。我在国民议会大厦的入口处设置了一座清真寺，这安排顺理成章，因为我注意到人们每天要做五次祷告。任务书里提到，要有一间 3,000 平方英尺的祈祷室，以及储放小地毯的壁橱，所以我给他们设计了一座 30,000 平方英尺的清真寺，祈祷用的小地毯一直铺在地上。这里成了入口，也就是说，清真寺成了入口。当我将这个设计呈现给当局，他们马上就同意了。

这座建筑的中心是一间大厅，由顶部洒下的自然光照亮。大厅屋顶的巨大结构将光线变得好像穿过不同形状的洞口，在梁上反射，然后照射进来。从下面这段话能够看出，康相信建筑与机构间的关系很重要：

我想要做的是，从哲学中建立一种能用在巴基斯坦（今孟加拉国）的信仰，无论他们做什么都要对它负责。我觉得在看到任务书几周后完成的这张平面图有一种力量。它是否包含了所有要素？哪怕只缺少一项，它都会分崩离析。

项目模型

从西北方向看议会堂，大楼上方的起重机正在施工

剖切模型展示了议会厅的内部，屋顶结构上巨大的洞口让阳光从顶部
射入室内

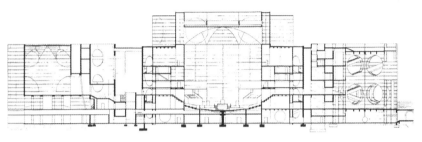

剖面图

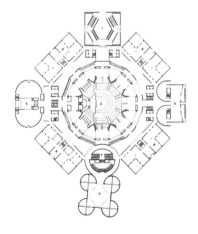

1 入口大厅
2 议会厅
3 祷告厅
4 办公室
5 部长休息室
6 餐厅和休息室
7 洗礼处

平面图

金贝尔美术馆

沃斯堡，得克萨斯州
威尔罗杰斯路西
1966—1972 年

　　金贝尔美术馆是康对光明的献礼。材料发着光，真实的光，消耗了自我，而建筑的形式让观者和绘画在自然光中交会。大多数美术馆会采用人工照明，因为阳光中的紫外线会伤害绘画。然而，康喜欢用自然光，因为它富有生气、时刻变化。为了解决它的破坏性问题，康利用拱顶上长长的天窗将光线引入，在内部使用反光片，将光线过滤，并从混凝土天花板上反射出去。清水混凝土天花板通常是暗淡的材料，这里却微微散发着温暖的光。

　　这座建筑简单质朴却又丰富高雅。其丰富性不是来自落成后的装饰，而是来自康对每一种材料的尊重。结构体是混凝土的，在阳光下变得鲜活；墙体是石灰华的，是石灰岩的一种，此处用作不承重的饰面材料；地面是橡木的，脚丫踩上去暖暖的；屋顶是铅制的，一种古老的防水材料，很容易弯曲成屋顶的曲线，在美国西南部的阳光下反射出柔和的光泽。

类似拱顶的屋面，实际上是摆线曲面。第一跨是开敞的，形成了室外的门廊，其他几栋的屋顶上是天窗。结构框架是混凝土的，填充墙是石灰华的，屋面是铅制的。

矮墙处为楼梯位置，正上方为空调管道，天花板上有天窗

圆顶的中央为天窗下的反射器，用来把光线反射到弧形的混凝土天花板上，产生温暖光泽，右边为从公园过来的入口

从公园过来的西边入口

从画廊望向北边的中庭，顶上的铁丝构成了藤蔓攀爬的格子棚，可遮蔽阳光

美术馆内，可看到展示绘画作品的活动隔墙系统（之一）

美术馆内，可看到展示绘画作品的活动隔墙系统（之二）

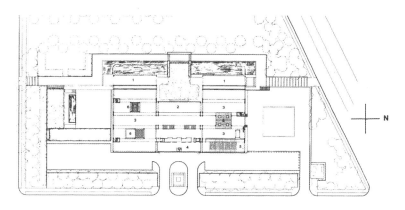

画廊平面图

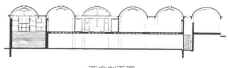

画廊剖面图

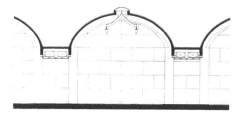

摆线曲面拱顶局部剖面图

1 门廊
2 入口
3 画廊
4 图书馆
5 会堂
6 开敞中庭

菲利普·埃克塞特学院图书馆

菲利普·埃克塞特埃克塞特,新罕布什尔州
1967—1972 年

在埃克塞特学院图书馆中, 康再次使用了大型的中央空间。在古典主义和新古典主义建筑里, 中心空间象征着一种社会等级, 特定的人或功能占据着中心, 其他则被贬斥到外围, 而现代主义建筑则反对这种不民主的向心性。弗兰克·劳埃德·赖特在他早期的住宅中心布置了巨大的壁炉, 人们周围着它活动, 就像是哥白尼革命的建筑版。欧洲建筑师, 如勒·柯布西耶, 则使用网格状的柱阵使所有空间变得同等重要, 没有中心。

但康认识到, 层级并不一定与民主理想相冲突。以前的等级所暗示的人与人之间的差异可以内化到每个人身上。康的领悟与弗洛伊德、荣格等心理学家的看法相似, 他们看到曾经由《俄狄浦斯王》(Oedipus)、《英雄》(the Hero) 或《母神》(the Mother Goddess) 等表演出来的人类伟大戏剧, 深植于每个人的内心。通过在建筑中反映人类的复杂性和等级, 康重拾了建筑的丰富性, 这在很大程度上是现代主义建筑运动所缺少的。

在埃克塞特学院图书馆里, 康关注人与书如何交会。他说:

我认为, 图书馆是馆员可以陈列书、翻开特别挑选的几页来吸引读者的地方。那里应该有大桌子, 馆员可以将书放在桌子上, 而读者可以拿起书走进阳光里。

在这里，康设计了巨大的中央空间。光线穿过屋顶、穿过书架、穿过墙上巨大的圆形洞口进入这个空间中。在这个中心空间，馆员可以陈列书籍，读者可以带着这些书走到沿建筑周边布置的小阅读室或壁龛那里。高于读者视线的大窗照亮了这些小阅读室，每间小阅读室另有一扇与视线齐高的小窗，窗上装着木质活动百叶，可以关闭百叶保护隐私、集中精神，也可以打开百叶望向树木遮天的校园。

菲利普斯·埃克塞特学院图书馆，建筑外墙为砖砌，与传统新英格兰校园相协调，砖砌的窗间墙在下层荷载更大的位置变得更宽

从入口层到达中心大厅的主楼梯，厚重的扶手为混凝土，与手接触的位置覆有石灰华面层

中心大厅，在巨大的圆形洞口内是摆满书架的挑台，顶部支撑屋顶的交叉梁也反射着从屋顶下的窗户射入的阳光

个人阅读室沿着建筑周围布置，滑动木质百叶可以使视线高度的小窗关闭；木头用在小阅读室以及人会直接接触建筑的位置

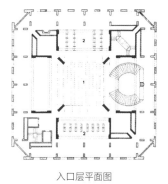

入口层平面图

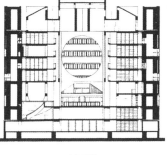

剖面图

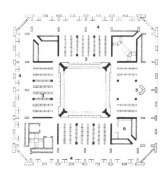

三层平面图

1　中央大厅
2　参考书和期刊
3　书架
4　小阅读室
5　壁炉
6　卫生间

耶鲁大学英国艺术中心

纽黑文, 康涅狄格州
教堂街 1080 号
1969—1974 年

在康去世后才建成的耶鲁大学英国艺术中心, 实现了他的许多想法。这座建筑具有城市性格, 底层沿街布置了商铺。建筑表面是青灰色的不锈钢。此处, 康再次使用了最新的技术, 一种新的钢材抛光技术。这种技术使钢材具有板岩的质感, 在古老的新英格兰小城的气候中呈现出暗灰的色泽。

建筑表面深暗, 内部却明亮。天窗系统让过滤掉紫外线的阳光照射进顶层的画廊, 在两个中庭里光线又照射进内部空间。中庭铺着明亮的浅色橡木地板, 各楼层都有挑台面向中庭。一个中庭在入口处; 另一个在建筑中心附近。这里是康最后一次对静谧的献礼, 是一个没有功能的空间, 一个为尚未存在的一切营造的场所。

东北方向视角，近处的角落是入口，右侧是底层的商铺，墙面覆有经过特殊抛光处理的不锈钢，天窗仅能在屋顶处看到

主中庭，前景右侧是圆形的楼梯间

顶层画廊，中间能够望向入口中庭，左侧的隔墙是可移动的

入口中庭上方的天窗

特殊研究画廊

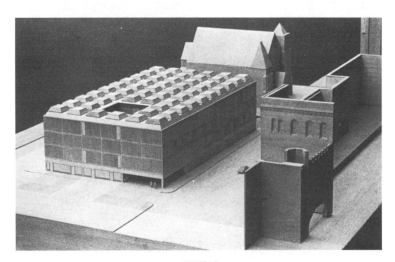

项目模型

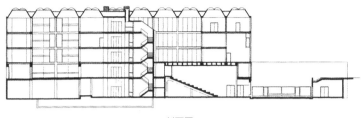

剖面图

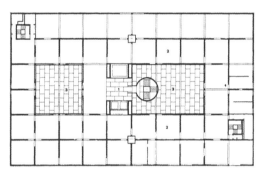

四层平面图

1 过厅
2 画廊
3 采光中庭

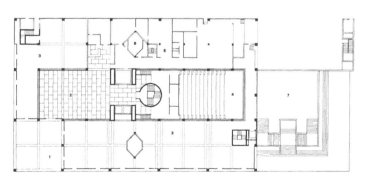

1 入口门廊　2 中庭　3 商铺　4 会堂　5 服务区　6 空调管道　7 下沉庭院和商铺

地面层平面图

IV

附录

路易斯·康生平

路易斯·艾瑟铎·康，1901 年 2 月 20 日生于爱沙尼亚（当时属于俄国）波罗的海的萨雷马岛。小时候，他在搬弄煤块时发生意外，脸上遗留下了伤疤。1905 年他随父母移民美国费城，一家人过着贫困的生活。他从小受到传统的犹太式教育，尽管不属于严格的犹太正教，但康后来对知识的追寻，一直带有犹太法典式的好问特质。上高中时，康开始展现出绘画和音乐天赋，曾在全市绘画比赛获奖，也在无声电影院弹钢琴来赚钱贴补家用。本来他已拿到奖学金要去攻读艺术，但在高中最后一年，一门建筑历史课令他下定决心要做一名建筑师。

1920 年到 1924 年，康在宾夕法尼亚大学攻读建筑学，并当助教赚取学费。当时宾大建筑系在备受尊重的建筑师、教师保罗·菲利普·克雷特（Paul Philippe Cret）的领导下，进行的是传统鲍扎体系教育。康在校期间很出色，毕业后陆续在几家重要的建筑事务所工作。他还游历了欧洲的历史建筑，在大萧条时期，他集结一些失业的建筑师和工程师组成了一个研究团体。康受到的鲍扎体系教育使他很难认同现代主义建筑运动，尽管他成为了一位直率的思想家和理论家，但他早期的建筑都平平无奇。

1947 年至 1957 年之间，康在耶鲁大学教授建筑学。在 1951 至 1953 年设计耶鲁大学美术馆之前，他获得的声誉一直是思想家，而非实干家。耶鲁大学美术馆中蕴含了他后期思想的种子。在1957年至1961年，他在费城设计了理查德医学研究中心，很快这座建筑就被视为对现代建筑的重要贡献。即使是在建筑领域，康在近60岁时的大器晚成也是卓越不凡的。这往往是一个较晚熟的领域，建筑师经过长期的实践，重要作品往往在职业生涯的晚期出现。

从1957年至1974年去世，康一直执教于宾夕法尼亚大学。多年来，他的工作室位于一座老图书馆顶层美丽的拱顶空间。他和其他教师，每周两次在这里同来自全世界的学生会面。这门课因其生动而深刻的讨论逐渐闻名，这些讨论经常持续到深夜，有时会转移到附近的餐厅或公寓中进行。

康成为了这里的智识和精神领袖，这使宾夕法尼亚大学建筑学院再度成为全美国最好的建筑学院，一如当年康在此读书时的盛况。这座学院在费城的城市更新和全国的新建筑发展过程中也扮演了重要角色。

在六七十岁的时候，康在几个国家设计策划了一些建筑作品和方案，包括住宅建筑、宗教建筑、艺术建筑、政府建筑、科研建筑、工业建筑、剧院和教育建筑等主要人类机构。

他的作品，对建筑和人类文化皆做出了伟大贡献，有一些被列入美国最好的建筑。大众也公认康为现代主义建筑师中的领军人物，康获得了许多金奖和荣誉学位，其中包括美国建筑师协会金质奖章和英国皇家建筑师协会皇家建筑金奖，他也获选为美国艺术与文学学会会员。能受到有史以来拥有最伟大建筑思想之一的人的影响，触碰建筑最深刻的意义和精神，许多和他同时期的人都感到幸运。

尽管康专注于他的建筑实践，也幸运地完成了许多委托方案，但他的境况始终很凄惨。他的工作方式大都缓慢，以致失去了不少热衷权宜、追求利润的业主。康工作室低效的经营方式，以及印度、巴基斯坦等项目时常出现的巨大耗资导致项目落空，最终让他负债累累。值得注意的是，他能够把建筑作为最高的艺术来实践——丝毫不为利益妥协——康的工作室不仅生存了下来，还完成了那么多杰出的建筑。

1974 年 3 月 17 日，康因心脏病突发，孤身一人死在纽约宾夕法尼亚车站的洗手间里。当时他从印度回来，已经错过了几次回费城上课的机会。尽管他已经七十三岁了，但他还是去世得太早了。当时他正承受着巨大的经济压力，在窘迫的情况下工作，在短时间内两次独自往返印度和孟加拉国。他死时正处于创作力的巅峰，正在设计一些最好的建筑作品。由于纽约当局的疏忽，他的尸体在死后两天里一直无人认领。

以下是在纽约和费城举办的路易斯·康追思会上的致辞：

他是我认识的最博学的人。我想正是因为他的智慧如此强大，他浑身都充满了智慧。他的躯体知道他的思想所知的一切，我想这就是为什么他成为了一位伟大的建筑师……他散发着无人能及的光芒，这光芒源自他丰富的想象力和智慧的活力，透过他的每个毛孔散发出来……

——文森特·斯库利（Vincent Scully）

康的工作遵循着对个人的领悟，他的返乡、他的离开、他对空间和自然的丈量……鲜有建筑师比他更关注人类活动中微妙的过渡：从工作到放松、到娱乐、到舒适，都没有分别或差异——而是在生活中追求简单的尊严。

——罗马尔多·朱尔戈拉（Romaldo Giurgola）

……最重要的不是隐晦，而是钢铁般不屈的创造意志。

——罗伯特·勒·利柯莱斯（Robert Le Ricolais）

路易斯·康对每一位建筑师都产生了实质性的影响，不仅仅是通过他有形的建筑作品，还通过他优美呈现的那些原则……

——诺曼·赖斯（Norman Rice）

本书著者

约翰·罗贝尔（John Lobell）涉猎广泛，除了建筑学外，还涉及许多领域，包括精神传统、文化理论、意识领域、神话、佛教、信息理论和量子理论。他已出版过几本图书，还撰写有大量的文章，同时为几家网站供稿，在全美国开设演讲、参加会议。

罗贝尔毕业于宾夕法尼亚大学，康也曾执教于此，他在这里与埃德蒙·培根（Edmund Bacon）、丹尼斯·斯科特·布朗（Denise Scott Brown）、罗伯特·格迪斯（Robert Geddes）、罗马尔多·朱尔戈拉（Romaldo Giurgola）、G.霍姆斯·珀金斯（G. Holmes Perkins）以及罗伯特·文丘里（Robert Venturi）一同做研究。罗贝尔是纽约布鲁克林区普瑞特艺术学院建筑系教授。

罗贝尔曾在纽约建筑联盟理事会和约瑟夫·坎贝尔基金会顾问委员会就职，也曾在几个不同的建筑师事务所工作，包括哈里森和阿布拉莫维茨（Harrison and Abramovitz）、阿贝·盖勒（Abe Geller）和乌尔里奇·弗朗兹恩（Ulrich Franzen）的事务所，也曾在由福特基金会（Ford Foundation）支持的城市形态研究项目中担任主持人。他还参与了几个互联网和电信项目，并开办了几家公司。

罗贝尔目前正在写一本书，内容关于康的建筑如何体现他的精神哲学，也是一本关于意识结构的书，对此他说：

我们现在正处于历史上最伟大的科学、技术和文化变革之中，这场变革比 20 世纪初带给现代的那次变革更大。生物技术和基因工程正在带来新物种，并将导致智人的改变。纳米技术正将我们使用的物质控制到亚原子水平。通信技术将很快把一切联系起来。量子理论的发展将我们置于不断膨胀的无限多重宇宙、我们创造的历史之中，从而改变了我们对自身和现实本身的一切理解。我们如何理解这一切？技术改变了我们生活的世界，但它也通过深刻地改变我们的意识结构来改变我们。我现在的工作，就是关注这些变化。

　　更多信息可以查阅 www.johnlobell.com。

图片来源

路易斯·康的话

Page 17. Detail of fountain in court, Salk Institute, La Jolla,California. Photo by John Lobell.

Page 19. Photo by John Lobell.

Page 21. Entrance court, Yale Center for British Art and Studies, New Haven, Connecticut. Photo by John Lobell.

Page 23. Stairs leading to and from the "Secret Cistern" at Mycenae. Photo by Bruno Balestrini.

Page 25. Detail of light reflector in ceiling vault, Kimbell Art Museum. Photo by Bob Wharton. Courtesy of Kimbell Art Museum, Fort Worth, Texas.

Page 27. Dormitory, Institute of Management, Ahmedabad, India. Photo by John Nicolais.

Page 29. Temple in Segesta. Photo by Henri Stierlin. Courtesy of Office du Livre, Fribourg, Switzerland.

Page 31. The dome of the Pantheon, Rome, Italy. Photo by Yvan Butler. Courtesy of Office du Livre, Fribourg, Switzerland.

Page 33. Drawings by Louis I. Kahn. Courtesy of the Louis I. Kahn Collection of the University of Pennsylvania, Philadelphia, Pennsylvania.

Page 35. Strip of water at center of court, Salk Institute, La Jolla, California. Photo by John Lobell.

Page 37. Pyramid of Cheops. Photo by Jean-Louis de Cenival. Courtesy of Office du Livre, Fribourg, Switzerland.

Page 39. Paraportiani Church at Mykonos. Photo by Myron Henry Goldfinger.

Page 41. Promontory and Temple of Poseidon at Sunium. Photo by Bruno Balestrini.

Page 43. Candes (Indre-et-Loire), Church of St. Martin, Nave, France. Photo by M-Audrain. Courtesy of Editions Arthaud, Paris, France.

Page 45. Walkway, Salk Institute, La Jolla, California. Photo by John Lobell.

Page 47. Model of the Sher-E-Bangla-Nagar Master Plan (Capital Complex Plan), Dacca, Bangladesh (early version). Photo by George Pohl.

Page 49. Exterior view, Kimbell Art Museum. Photo by Bob Wharton. Courtesy of the Kimbell Art Museum, Fort Worth, Texas.

Page 51. Detail of exterior wall, Ayub National Hospital, Dacca, Bangladesh. Photo by John Nicolais.

Page 53. Oil Factory at Brisgane, near Tebessa, Algeria. Photo by Yvan Butler. Courtesy of Office du Livre, Fribourg, Switzerland.

Page 55. Drawing by Louis I. Kahn. Courtesy of the Louis I. Kahn Collection of the University of Pennsylvania, Philadelphia, Pennsylvania.

Page 57. Drawing by Louis I Kahn. Courtesy of the Louis L Kahn Collection of the University of Pennsylvania, Philadelphia, Pennsylvania.

Page 59. Model of Hurva Synagogue, Jerusalem, Israel. Photo by George Pohl.

Page 61. Cote basque dite Cote d'Argent, entre Socoa et l'Espagne. Photo by A. Trincano. Courtesy of Editions Arthaud, Paris, France.

Page 63. Upper: The Basilica of Maxentius in the Forum, Romanum. Photo by Yvan Butler. Courtesy of Office du Livre, Fribourg, Switzerland.

Lower: Passage under dormitory, Indian Institute of Management, Ahmedabad, India. Photo by John Nicolais.

Page 65. Funerary Towers, Valley of the Dead at Palmyra. Photo by Yvan Butler. Courtesy of Office du Livre, Fribourg, Switzerland.

Page 67. Opening at library, Indian Institute of Management, Ahmedabad, India. Photo by John Nicolais.

路易斯·康的建筑

All plans and sections (pages 99, 108, 109, 111, 117, 121,127, 133 and 139) are used courtesy of the Louis I. Kahn Collection of the University of Pennsylvania, Philadelphia, Pennsylvania.

Page 96-98. The Alfred Newton Richards Medical Research Building, University of Pennsylvania, Philadelphia, Pennsylvania. Photo by John Lobell.

Pages 102-107. Salk Institute, La Jolla, California. Photos by John Lobell.

Page 111. Model of the Salk Institute Community Center (The Salk Meeting House), La Jolla, California. Photo by George Pohl.

Page 114 Model of the Sher-E-Bangla-Nagar Master Plan (Capital Complex Plan), Dacca, Bangladesh, (late version). Photo by George Pohl.

Page 115. Hostels and Lounge Buildings, Sher-E-Bangla-Nagar, Dacca, Bangladesh. Photo by Henry N. Wilcots.

Page 116. Hostels and Lounge Buildings, Sher-E-Bangla-Nagar, Dacca, Bangladesh. Photo by Anwar Hosain.

Page 119. Model of the National Assembly Hall, Sher-E-Bangla- Nagar, Dacca, Bangladesh. Photo by George Pohl.

Page 120. The National Assembly Hall, Sher-E-Bangla-Nagar, Dacca, Bangladesh. Photo by Henry N. Wilcots.

Page 120. Model of the National Assembly Hall, Sher-E-Bangla- Nagar, Dacca, Bangladesh. Photo by George Pohl.

Pages 123-126. Kimbell Art Museum. Photos by Bob Wharton. Courtesy of the Kimbell Art Museum, Fort Worth, Texas.

Pages 129-131. The Library of the Phillips Exeter Academy, Exeter, New Hampshire. Photos by John Lobell.

Pages 132. The Library of the Phillips Exeter Academy, Exeter, New Hampshire. Photo by John Nicolais.

Page 135. The Yale Center for British Art and Studies, New Haven, Connecticut. Photo by Thomas A. Brown.

Pages 136-137. The Yale Center for British Art and Studies, New Haven, Connecticut. Photos by John Lohell.

Page 138. Model of the Yale Center for British Art and Studies, New Haven, Connecticut. Photo by George Pohl.

Page 142. Louis I. Kahn. Photo by Joan Ruggles.

其他

Page 80. Excerpts from the Tao Te Ching by Lao Tsu, translated by Gia-fu-Feng and Jane English, © 1972. Reprinted by special arrangement with Alfred A. Knopf, Inc.

Page 92. Excerpts from "The Hollow Men," in Collected Poems 1909-1962 by T. S. Eliot, © 1967. Reprinted by special arrangement with Harcourt Brace Jovanovich, Inc., and Faber and Faber, Ltd.

Pages 112 and 118. Excerpts from "Remarks," by Louis I. Kahn in Perspecta 9/10: The Yale Architectural Journal, © 1965. Reprinted by special arrangement with Yale University.

参考书目

一般建筑

1.Fletcher, Banister. *A History of Architecture on the Comparative Method.* 18th ed. New York: Scribners, 1975. In the Beaux-Arts tradition in which Louis Kahn was trained, architects poured over and traced plans and elevations from large volumes illustrating historical architecture. Today these great books are found only in rare book collections. Although Banister Fletcher's compact book is not as grand as some of its earlier companions, it is rich in detail.

2.Norwich, John Julius, ed. *Great Architecture of the World.* New York: Random House, American Heritage, 1975. There are many illustrated books available on world architecture; this one is particularly clear and useful.

现代建筑

3.Jeanneret, Charles (Le Corbusier). *Towards a New Architecture.* New York: Praeger, 1946.

4.Kaufmann, Edgar, and Ben Raeburn, eds. *Frank Lloyd Wright: Writings and Buildings.* New York: New American Library, Meridian Books, 1960.

5.Scully, Vincent Jr. *Frank Lloyd Wright.* New York: Braziller, 1960.

6.Scully, Vincent Jr. *Modern Architecture.* Rev. ed. New York: Braziller, 1974.

7.Wright, Frank Lloyd. *The Future of Architecture.* New York: Horizon, 1953.

8.Wright, Frank Lloyd. "The Language of Organic Architecture." *In Architectural Forum* (May, 1953).

关于路易斯·康的一般书目

9.Chang, Ching-Yu, ed. "Louis I. Kahn: Memorial Issue." *Architecture and Urbanism.* Tokyo: A & U Publishing Co., Ltd., 1975.

10.Giurgola, Romaldo, and Jaimini Mehta. *Louis I. Kahn.* Boulder, Colorado: Westview

Press, 1975. Giurgola's and Mehta's book is a thorough interpretation of Kahn's philosophy in the context of modem Western thought. It also relates Kahn's philosophy to his architecture. There are plans and black and white photographs of Kahn's important buildings. Kahn collaborated on the writing of this book.

11.Ronner, Heinz, Sharad Jhaveri, and Alessandro Vasella, eds. *Louis I. Kahn: Complete Works, 1935-1974*. Boulder, Colorado: Westview Press, 1977. As indicated by the title, this book contains Kahn's complete works. The book is large and expensive, but is an invaluable source of Kahn's seldom published work. It also includes the early sketches and designs for most of his projects. A complete list of all of Kahn's buildings, and a complete bibliography of writings on Kahn are included.

关于路易斯·康的其他作品

12.Chang, Ching-Yu, ed. "Louis I. Kahn: Silence and Light." *Architecture and Urbanism*, vol. 3, no. I (Tokyo, 1973).

13."Clearing," (Interviews with Louis I. Kahn). In VIA 2, *Structures Implicit and Explicit*, edited by James Bryan and Rolf Sauer. The Student Publication of the Graduate School of Fine Arts. Philadelphia, Pennsylvania: University of Pennsylvania, 1973.

14.Johnson, Nell E., ed. *Light is the Theme: Louis I. Kahn and the Kimbell Art Museum*. Fort Worth, Texas: Kimbell Art Foundation, 1975.

15.Jordy, William H. *American Buildings and Their Architects: The Impact of European Modernism in the Mid-Twentieth Century*, vol. 4. New York: Doubleday, Anchor Books, 1976. Jordy's book has an excellent chapter on Kahn's Richards Medical Research Building.

16.Kahn, Louis I. "Remarks." *Perspecta*, edited by Robert A. M. Stem, vol. 9/10. New Haven, Connecticut: The Yale Architectural Journal, 1965.

17.Kahn, Louis I. "Silence." In VIA 1, *Ecology in Design*. University of Pennsylvania,

Philadelphia, Pennsylvania: The Student Publication of the Graduate School of Fine Arts, 1968.

18.Kahn, Louis I. Unpublished transcript of a lecture at Pratt Institute. Brooklyn, New York: 1973.

19.Kahn, Louis I. Unpublished transcripts of various talks and conversations.

20.Komendant, A. L. *18 Years with Architect Louis I. Kahn*. Englewood, New Jersey: Alvray, 1975. Komendant was the engineer for several of Kahn's buildings, and he describes in detail how they were built..

21.Lepere, Yves, Pierre Lacombe, and Renee Diamant-Berger. *L'Architecture d'Aujourd' hui (Issue on Louis I. Kahn)*, no. 142 (Boulogne: France. Feb/March, 1969).

22.Lobell, John. "Kahn and Venturi; An Architecture of Being-in- Context."
Artforum, vol. XVI, no. 6 (February, 1978).

23.McLaughlin, Patricia. "How'm I Doing, Corbusier?" (Interview of Louis Kahn). Philadelphia, Pennsylvania: *Pennsylvania Gazette*, vol. 71, no. 3 (December, 1972).

24.Mohlor, Ann, ed. "Louis I. Kahn: Talks with Students." In *Architecture at Rice 26*. Texas: Rice University, 1969.

25.Namuth, Hans and Paul Falkenberg, (producers & directors) *Louis I. Kahn: Architect*. A film. New York: Distributed by Museum at Large Ltd.

26.Pennsylvania Academy of the Fine Arts. *The Travel Sketches of Louis I. Kahn*. A catalogue for an exhibition. Philadelphia, Pennsylvania: Pennsylvania Academy of the Fine Arts, 1978- 1979. Introduction by Vincent Scully.

27.Prown, Jules David. *The Architecture of the Yale Center for British Art*. New Haven, Connecticut: Yale University Press, 1977, The story of the construction of the Center illustrated with plans, sketches, and photographs.

28.Scully, Vincent Jr. *Louis I. Kahn*. New York: Braziller, 1962. An excellent analysis of Kahn's work up to 1962. This book is now out-of-print.

29.Unpublished transcripts of memorials for Louis Kahn. Held in Philadelphia and New

York in 1974.

30.Wurman, R. S. and E. Feldman, eds. *The Notebooks and Drawings of Louis I. Kahn.* Cambridge, Mass.: MIT Press, 1972.

其他相关参考书目

31.Bronowski, J. *The Identity of Man.* Rev. ed. Garden City, New York: Natural History Press, 1971.

32.Eliot, T S. "The Hollow Men." *T. S. Eliot Selected Poems.* New York: Harcourt Brace Jovanovich, Harbrace Paperbound Library, 1967.

33.Grene, Marjorie. "Heidegger, Martin." In *The Encyclopedia of Philosophy.* New York: Macmillan Publishing Co., The Free Press, 1967.

34.Lao Tzu. *Tao Te Ching.* Translated by Gia-Fu-Feng and Jane English. New York: Alfred A. Knopf, 1972. This translation is the source for the quotes from Lao Tzu used in this book. Lao Tzu's name has several different spellings.

35.Spengler, Oswald. *The Decline of the West.* New York: Alfred A. Knopf, 1939. (Also available in an abridged edition from: New York: Random House, Modern Library, 1965.) Spengler's book interprets history in terms of the worlds great cultures and their inner symbolic meaning. This approach gives him a valuable insight into architecture.

兴趣阅读延伸书目

36.Brownlee, David Bruce, with David G. De Long. *Louis I. Kahn: In the Realm of Architecture.* New York: Rizzoli International Publications, 1991.This is the catalog for a major Kahn exhibition, and is very comprehensive. (There is also a condensed edition).

37.Giurgola, Romaldo. *Louis I. Kahn.* Zurich: Artemis, 1979. Includes Giurgolas discussions, formulated with Kahn, of the philosophical basis of Kahn's work. Although abstract, this is one of the most profound discussions of Kahn and of architecture we have.

38.Goldhagen, Sarah Williams. *Louis Kahn's Situated Modernism.* New Haven: Yale University Press, 2001. Goldhagen presents the progressive social intentions of modern architecture immediately after World War II and Kahn's place in that context. But Kahn's work when he had this approach was undistinguished.It was not until he began to see architecture in a deeply artistic, cultural, and spiritual context that Kahn began to design his great buildings. Goldhagen does not address this aspect of Kahn's career.

39.Kahn, Nathaniel, writer and director. *My Architect: A Son's Journey.* Louis Kahn Project, Inc., 2003. A film exploring Kahn's life and buildings. By interweaving his search for his father with Kahn's biography, Nathaniel Kahn presents a rich portrait of Louis Kahn. Striking footage of Kahn's buildings; archival footage of Kahn speaking; and interviews with Kahn's family, those with whom he had relationships, and colleagues are all brought together to present Kahn and his work with great depth.

40.Leslie, Thomas. *Louis I. Kahn: Building Art, Building Science.* New York: George Braziller, 2005. Insight into how Kahn's buildings are put together.

41.McCarter, Robert. *Louis I Kahn.* London and New York: Phaidon Press, 2005. The definitive work on Kahn's architecture. More than five hundred pages addressing Kahn's life; his work in the context of what was happening contemporaneously m architecture; and Kahn's relationship to other architects, particularly Frank Lloyd Wright, Each of Kahn's projects is presented in detail, including early schemes. The book is rich with photographs, plans, drawings, and selections of Kahn's writing, and it includes a chronology and a bibliography.

42.Larson, Kent. *Louis I. Kahn: Unbuilt Masterworks.* New York: Monacelli, 2000. Computer generated color images of Kahn's key unbuilt buildings. Larson also presents a thoughtful analysis of the role of light in architecture and in Kahn's work.

43.Rykwert,Joseph, and Roberto Schezen. *Louis Kahn.* New York: Harry N. Abrams, 2001. Magnificent photographs of Kahn's key buildings.

44.Twombly, Robert, ed. *Louis Kahn: Essential Texts.* New York: W.W. Norton &

Company, 2003. Selection of Kahn's writing.(For the most part Kahn's "writings" are transcriptions of his talks and interviews.) Included is his 1973 talk at Pratt Institute, which is a primary source for Between silence and Light.

译者说明

　　本书中一些字词用加粗字体表示，其中原因，借台湾学者王维洁先生在《路康建筑设计哲学论文集》一书中的一段文字加以说明：

　　"……康的语言能力也呈现这样的特质：他用字遣词十分精确，有时为了表达正确的观念，穷究文字在哲学上的原意，致使不明究里的人，产生路康英文不佳的误会。兹举数例来说明路康用字之精准：在康的文章中常以物词前加 the 代表此物在宇宙间独一无二的物性，而加 a 代表前述物性实体化所成的一件作品。加 the 之物，无相无形，致使存在于理念的一个通性：加 a 之物，有尺寸、有大小、可触可及，是实存于世界的独特物品。有时不加 the，选用大写或首字母大写来代表无相无形的理念，用小写加 s 复数形，代表理念实体化的各种可触可及的面貌。"

　　在汉语中无法通过大小写进行区分，故将原文中大写或首字母大写的词以加粗的形式呈现，以便读者更好地理解其中的内涵和差异。

　　此外，关于康的汉语译名，王维洁先生书中采用"路康"，他认为，Louis 原为法语名，字母 s 不发音，应译为"路易·康"，而康的友人同事，则称他为 Lou，这也是康乐于接受的昵称，故书中采用了"路康"以求简便。而本书中仍将 Louis Kahn 译为"路易斯·康"，是出于以下原因：

1901 年康出生于爱沙尼亚的一个犹太家庭，原名 Itze-Leib Schmuilowsky，1906 年康举家迁居美国，康在 1914 年获得美国国籍，1915 年改名 Louis Isadore Kahn。在整个过程中并未发现与法国、法语之间的渊源。美国是移民国家，大量非英语移民的涌入，使得在美国有很多外来语名字，外来语中一些英语中没有的文字符号会被英语代替，其发音时间长了也就"英语化"了。例如源自德语的 Weinburg，汉语译作"温伯格"，其中的 ei 已不按照德语原本发音为 [ai]，而按照英语读作 [ei]。从纳撒尼尔·康的纪录片《我的建筑师：寻父之旅》中能够看到，片中提及康的名字，多念作"路易斯·康"，而未采用法语原本的读法"路易"。而"Lou"正如王维洁先生所说，通常是友人同事提及康时的昵称，译者认为用于书中略显随意。再参阅目前大陆关于康的研究中，多仍采用"路易斯·康"的译名。故本书继续沿用这一译法。

译者

2020 年 12 月